高职高专艺术设计类专业规划教材

CorelDRAW
XIANGMU SHEJI JIAOCHENG

CorelDRAW 项目设计教程

主编 张 磊 周媛媛 黄玮雯

重庆大学出版社

图书在版编目（CIP）数据

CorelDRAW项目设计教程 / 张磊，周媛媛，黄玮雯主编. -- 重庆 : 重庆大学出版社, 2018.9
高职高专艺术设计类专业规划教材
ISBN 978-7-5689-0629-6

Ⅰ. ①C… Ⅱ. ①张… ②周… ③黄… Ⅲ. ①图形软件—高等职业教育—教材 Ⅳ. ①TP391.413

中国版本图书馆CIP数据核字(2017)第151672号

高职高专艺术设计类专业规划教材

CorelDRAW 项目设计教程

CorelDRAW XIANGMU SHEJI JIAOCHENG

主　　编：张　磊　周媛媛　黄玮雯

策划编辑：席远航　张菱芷　蹇　佳

责任编辑：李仕辉　　版式设计：原豆设计（王敏）

责任校对：张红梅　　责任印制：赵　晟

重庆大学出版社出版发行

出版人：易树平

社址：重庆市沙坪坝区大学城西路21号

邮编：401331

电话：（023）88617190　88617185（中小学）

传真：（023）88617186　88617166

网址：http：//www.cqup.com.cn

邮箱：fxk@cqup.com.cn（营销中心）

全国新华书店经销

重庆共创印务有限公司印刷

开本：787mm × 1092mm　1/16　印张：8　字数：250千

2018年9月第1版　　2018年9月第1次印刷

ISBN　978-7-5689-0629-6　　定价：49.00元

序

我国人口13亿之巨，如何提高人口素质，把巨大的人口压力转变成人力资源的优势，是建设资源节约型、环境友好型社会，实现经济发展方式转变的关键。高职教育承担着为各行各业培养输送与行业岗位相适应的，高技能人才的重任。大力发展职业教育有利于改善经济结构，有利于经济增长方式的转变，是实施“科教兴国，人才强国”战略的有效手段，是推进新型工业化进程的客观需要，是我国在经济全球化条件下日益激烈的综合国力竞争中得以制胜的必要保障。

高等职业教育艺术设计教育的教学模式满足了工业化时代的人才需求；专业的设置、衍生及细分是应对信息时代的改革措施。然而，在中国经济飞速发展的过程中，中国的艺术设计教育却一直在被动地跟进。未来的学习，将更加个性化、自主化，因为吸收知识的渠道遍布在每个角落；未来的学校，将更加注重引导和服务，因为学生真正需要的是目标的树立与素质的提升。在探索过程中，如何提出一套具有前瞻性、系统性、创新性、具体性的课程改革方法将成为值得研究的课题。

进入21世纪的第二个十年，基于云技术和物联网的大数据时代已经深刻而鲜活地展现在我们面前。当前的艺术设计教育体系将被重新建构，同时也被赋予新的生机。本套教材集合了一大批具有丰富市场实践经验的高校艺术设计教师作为编写团队。在充分研究设计发展历史和设计教育、设计产业、市场趋势的基础上，不断梳理、研讨，明确了当下高职教育和艺术设计教育的本质与使命。

曾几何时，我们在千头万绪的高职教育实践活动中寻觅，在浩如烟海的教育文献中求索，矢志找到破解高职毕业设计教学难题的钥匙。功夫不负有心人，我们的视界最终聚合在三个问题上：一是高职教育的现代化。高职教育从自身的特点出发，需要在教育观念、教育体制、教育内容、教育方法、教育评价等方面不断进行改革和创新，才能与中国社会现代化同步发展。二是创意产业的发展和高职艺术教育的创新。创意产业作为文化、科技和经济深度融合的产物，凭借其独特的产业价值取向、广泛的覆盖领域和快速的成长方式，被公认为21世纪全球最有前途的产业之一。从创意产业发展的视野，谋划高职艺术设计和传媒类专业教育改革和发展，才能实现跨越式的发展。三是对高等职业教育本质的审思。从“高等”“职业”“教育”三个关键词来看，高等职业教育必须为学生的职业岗位能力和终身发展奠基，必须促进学生职业能力的养成。

在这个以科技进步、人才为支撑的竞争激烈的新时代，实现孜孜以求的综合国力强盛不衰、中华民族的伟大复兴，科教兴国，人才强国，赋予了职业教育任重而道远的神圣使命。艺术设计类专业用镜头和画面、用线条和色彩、用刻刀与笔触、用创意和灵感，点燃了创作的火花，在创新与传承中诠释着职业教育的魅力。

重庆工商职业学院传媒艺术学院副院长
教育部高职艺术设计教学指导委员会委员
徐　江

前言

“CorelDRAW项目设计”是一门重视实际操作能力的课程，也是普通高等教育、职业与成人教育中平面艺术设计类专业的主干课程。通过该课程的学习，使艺术类专业学生掌握就业必备的技能。

本书在教学设计中，除了讲授电脑表现技法外，还强化与技能相关的平面设计知识传授，使技术和艺术相结合。全书包括标志图形的绘制、插画的绘制、版面设计、VI设计、广告设计、包装设计共6个部分，通过实战案例和项目的引入，使理论与实践操作紧密结合，让学生在学习中体验职业情景，从而提高对本专业的学习热情。通过该课程的学习，使学生掌握软件的基础知识、各种工具的使用、图像输出的基本知识，同时为后续专业课程的学习打下良好的基础，使其具备较强的职业能力和较好的职业素质。

本书由重庆电子工程职业学院张磊、周媛媛、黄玮雯主编。在编写过程中，编者注重理论和实践的结合，力图深入浅出地阐述“CorelDRAW项目设计”的理论知识，并提供相应的项目案例。“CorelDRAW项目设计”是一个内容丰富、应用领域广泛的课题，由于编者的思维局限，不妥之处在所难免，欢迎读者及同仁提出宝贵意见。

编　者
2018年1月

目录

6 包装设计

参考文献

标志图形的绘制

学习目的

了解CorelDRAW工作界面，掌握页面的基本设置，学会运用椭圆工具、矩形工具、贝塞尔工具、钢笔工具、图形编辑命令绘制标志图形。

知识重点

1.页面的设置
2.矩形工具
3.椭圆工具

知识难点

1.贝塞尔工具
2.钢笔工具
3.曲线编辑
4.图形的修整
5.再制与复制
6.轮廓线效果

P1～21

习题及答案

1.1 标志绘制基础知识

标志（Logo）是一种图形传播符号，它以精练的形象向人们表达一定的含义，通过创造典型性的符号特征，传达特定的信息。标志作为视觉图形，具有强烈的传达功能，容易被人们理解、使用，并成为国际化的视觉语言。

标志主要包括商标、徽标和公共标志，按内容分为商业性标志和非商业性标志，按表现形式分为文字标志、图形标志和图文结合的标志。文字标志有直接用中文、外文或汉语拼音的单词构成的，也有用汉语拼音或外文单词的字首进行组合的，如图 1-1 所示。图形标志是指通过几何图案或象形图案表示的标志，可分为具象图形标志、抽象图形标志与具象抽象相结合的标志。图文组合标志集中了文字标志和图形标志的长处，克服了两者的不足，如图 1-2 所示。

图1-1　文字标志

图1-2　图文组合标志

标志的特点：含义丰富，传达内容较多，同时需要观者在较短的时间内理解其含义；容易识别，无论形态、色彩、特征都应明显，易于识别；加深记忆，使庞大复杂的机构归于一个视觉符号，使受众产生特别深刻、清晰的记忆，易于制作和推广，规范化、标准化、程式化。

1.2

图形绘制基础操作

1.2.1 CorelDRAW 的工作模式

运行 CorelDRAW，并打开一幅绘图作品，将出现如图 1-3 所示的工作界面，下面简单介绍工作界面中各组件的基本功能。

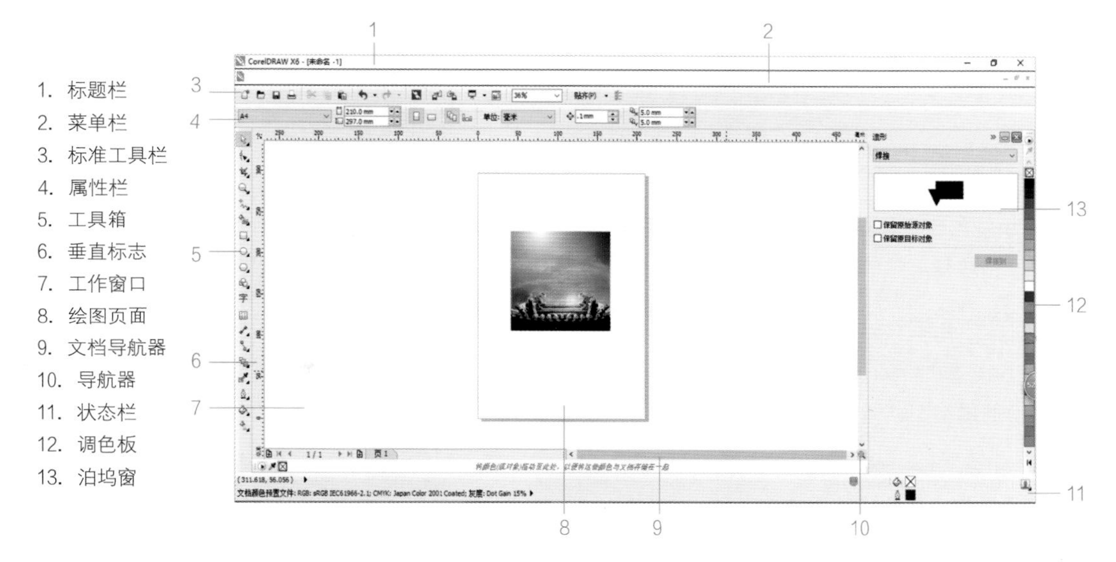

图1-3 CorelDRAW的工作窗口

（1）标题栏

标题栏位于 CorelDRAW 窗口的顶端，用于显示当前应用程序的名称。右侧的三个按钮功能与单击左侧的 CorelDRAW 图标所弹出的视窗控制菜单命令功能相同。

（2）菜单栏

菜单栏位于标题栏下方，每个菜单都包含有下一级子菜单。单击主菜单名称，在弹出的菜单中选择需要的命令选项即可进行不同的操作。

（3）标准工具栏

标准工具栏提供了一些常用命令的图标按钮，用以直观显示“保存”“新建”“打开”以及“打印”等操作命令，如图 1-4 所示。使用者可根据自己的工作习惯，安排标准工具栏在工作窗口的位置。

图1-4 标准工具栏

（4）属性栏

属性栏是在 CorelDRAW 工作过程中访问最多的组件之一，这里提供了当前选择工具的各种设置选项，既有共享的设置，也有所选工具特有的设置。

（5）工具箱

默认情况下工具箱停靠在工作窗口的左侧，可根据绘制需要安排它的摆放位置。工具箱中的大部分按钮图标都带有一个小三角形，单击这个三角形将弹出一个工具条，其中隐含了一组工具图标，如图 1-5 所示。

图1-5　工具箱

（6）标尺

标尺是创建精确绘图的辅助工具，在窗口的顶端和左侧显示有水平和垂直标尺。根据不同的绘图需要，可灵活选择适合的绘图单位。

（7）工作窗口

在 CorelDRAW 中创建的文件都有其独立的工作窗口，标题栏显示了当前激活文件的名称。用户可以打开多个绘图窗口，与文件的编辑工作互不干扰，彼此独立进行。

（8）文档导航器

文档导航器显示绘图中的总页数和当前编辑绘图的页号，它位于绘图窗口的左下角，多页文档与单页文档的导航器显示各有不同，如图 1-6 所示为两种不同的文档导航器。单击 ⏮ 按钮，跳转到多页文档的第一页。单击 ◀ 按钮，以当前选择页面为基准，跳到前一页。单击 ▶ 按钮，以当前选择页面为基准，跳到下一页。单击 ⊞ 按钮，添加页面。单击 ⏭ 按钮，则可以跳转到多页文档的最后一页。

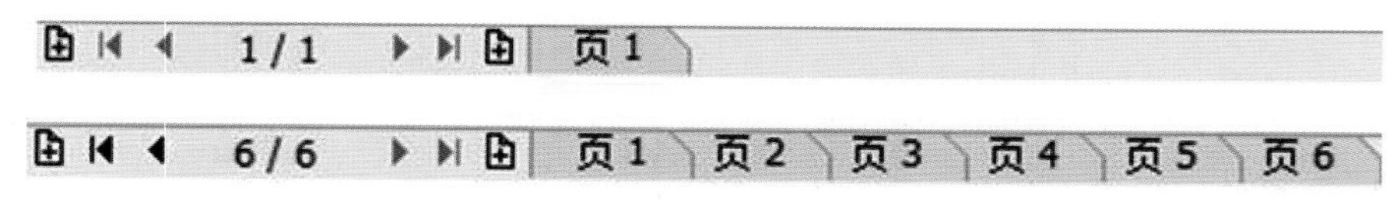

图1-6　显示单页与多页文档导航器

（9）导航器

导航器位于绘图窗口的右下角，用以查看较大视图显示比例下被隐藏的绘图部分，如图 1-7 所示。

（10）泊坞窗

CorelDRAW 中泊坞窗与 Photoshop 中的调色板功能相似，可以同时打开多个被隐藏的泊坞窗，将它们组合在一起，并停靠在窗口的右侧。单击右上角的三角按钮可展开或者折叠泊坞窗内部选项，单击左上角的 » 按钮，则可以控制泊坞窗在窗口的收展。

图1-7　使用导航器

（11）调色板

默认状态下，CorelDRAW 在窗口右侧显示出 CMYK 调色板，可执行“窗口”→“调色板”子菜单下的相关命令打开不同的调色板。需要注意的是，若绘图用于印刷，使用 CMYK 调色板更接近实际印刷的效果。

（12）状态栏

状态栏位于窗口的最底端，沿其边缘拖动鼠标即可控制其以单行或双行显示信息。选择对象不同，例如尺寸、坐标位置、节点数目、填充和轮廓线等，状态栏即时显示的与之对应的提示信息也不同。

1.2.2　基本图形创建

（1）页面的设置

在 CorelDRAW 的绘图工作中，常常要在同一文档中添加多个空白页面、删除无用的页面或对某一特定的页面重命名。

①插入页面。

执行菜单栏“版面”→“插入页”命令，弹出“页面”对话框，如图 1-8 所示。单击“插入”文本框后面的微调按钮或直接输入数值，设置需要插入的页面数目，然后单击“确定”即可。

在 CorelDRAW 状态栏的页面标签上单击鼠标右键，在弹出的菜单中也可以选择插入页面的命令。

②重命名页面。

在一个包含多个页面的文档中，对个别页面分别设定具有识别功能的名称，可以方便地对它们进行管理。

单击一个需要进行重命名的页面，比如“页 2”，执行“版面”→“重命名页面”命令，在“重命名”对话框中输入想要的名称然后单击“确定”即可，如图 1-9 所示。

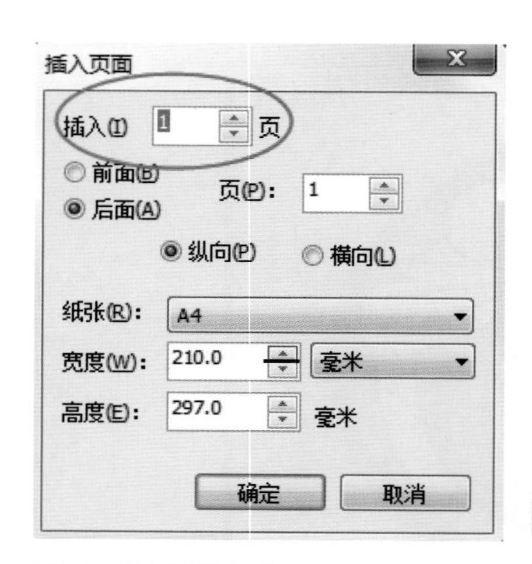

图1-8　插入页面对话框

图1-9　重命名页面

③设置页面。

图1-10　拖放控制点可控制导入图片的大小

在 CorelDRAW 中利用“版面”菜单中的命令，可以对文档页面的大小、版面等进行设定。执行“文件”→“导入”命令，导入一张图片文件，如图 1-10 所示。在页面中单击鼠标左键，图片就置入页面中了，然后可以根据需要进行缩放：用鼠标左键拖动图片周围的 8 个锚点。

提示：

建议拖动如图中红色圈中的锚点进行比例缩放。共有 4 个锚点，如果拖动其他的锚点，画面比例会失真。

执行“版面”→“页面设置”命令，在对话框中左侧找到“页面大小”内容，右侧的详细信息里就有纸张、方向单位等内容，如图 1-11 所示。

④删除页面。

执行菜单栏“版面”→“删除页面”的命令，会弹出“删除页面”对话框。单击“插入”文本框后面的微调按钮或直接输入数值，设置需要删除的页面数目，然后单击“确定”即可，如图 1-12 所示。

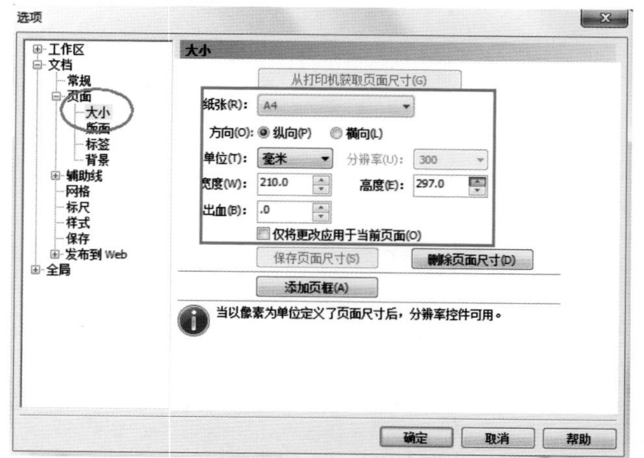

图1-11　选项对话框

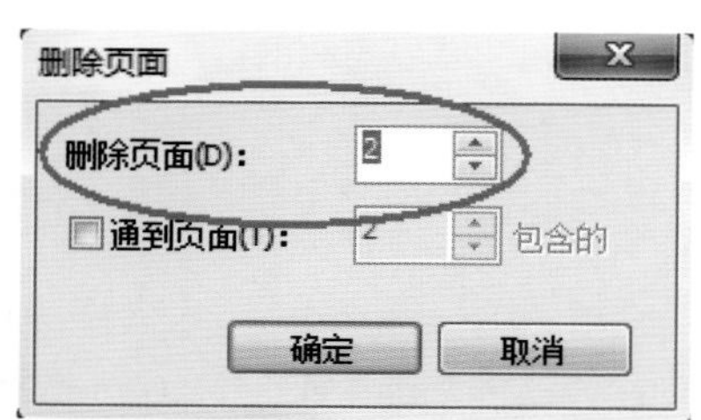

图1-12　删除页面对话框

⑤调整页面顺序。

如果想要调整页面顺序，可以在工作区下方的“文档导航区域”里的“页面调整”区域找到当前文档的页面标签。用鼠标左键单击并拖动其中一个页面，拖动至想要放置的页面即可。比如，想要把“效果3”页面放置在“效果2”和“页1”之间，则用鼠标左键按住并拖动“效果3”，在“效果2”页面上松开鼠标即可，如图1-13所示。

页 1　2: 效果2　3: 效果3　　页 1　2: 效果3　3: 效果2

图1-13　调整页面顺序

⑥还原操作步骤。

如果当前操作出现错误或想要返回上一步重新编辑，只需找到标准工具列中的“撤销”按钮，单击即可。软件默认可撤销的步骤是20步，但是可以根据个人习惯任意修改。执行菜单栏“工具”→“选项”命令，在左侧列表中找到“工作区”里的“常规”内容并点击，右侧“常规”部分的“撤销级别”里可以设置撤销步骤，如图1-14所示。

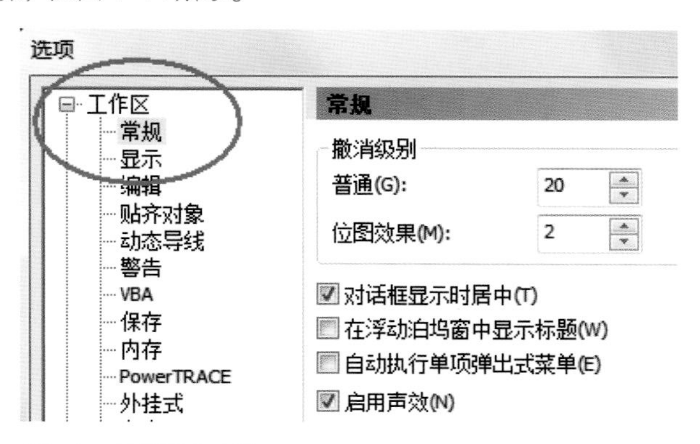

图1-14　还原操作步骤

⑦保存文档相关操作。

该软件默认保存格式是针对14.0版的，那么就有可能会出现早期版本的CorelDRAW打不开14.0版编辑的文档，会提示文件版本不兼容而无法打开。保存时，要查看“保存绘图”对话框中的“版本”下拉式列表，当前针对的是14.0版，可以保存成14.0版之前的共8个版本。根据行业实际情况，通常保存至8.0版即可。

（2）矩形工具

“矩形工具”是专门用来绘制正方形和长方形的工具。

①在工具箱中选择“矩形工具”。

②将鼠标移到绘图窗口中，按下鼠标左键向另一方向拖动，就可以在页面上绘制出一个长方形了，如图1-15所示。

③在绘制过程中按下Ctrl键，可以绘制出正方形，如图1-16所示。

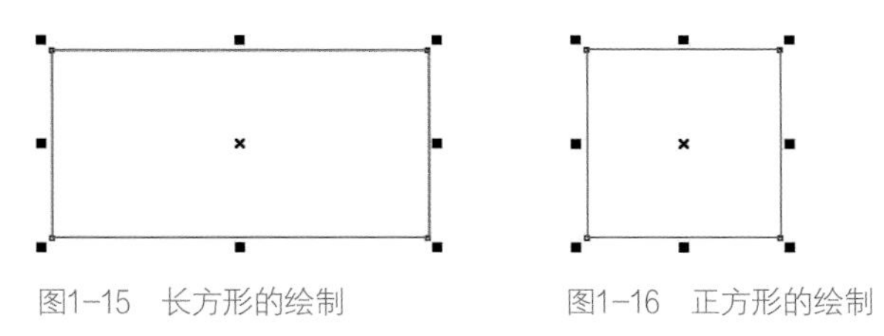

图1-15　长方形的绘制　　图1-16　正方形的绘制

④如果要绘制圆角矩形，则需先点击选中已绘制好的长方形，再点击工具栏中的修改工具，用鼠标点击长方形的任意一角，向附近的节点拖动，则可以得到一个圆角矩形（如图1-17所示）。此外还可以修改左右两边矩形的边角圆滑度（如图1-18所示），得到想要的圆角矩形。

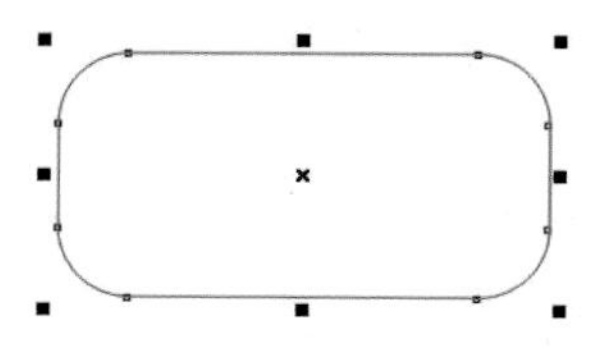

图1-17　圆角长方形的绘制

图1-18　左右两边矩形的边角圆滑度

（3）椭圆工具

①保持“挑选工具”无任何选取的情况下，选择“椭圆形工具”，属性栏中的选项如图 1-19 所示。

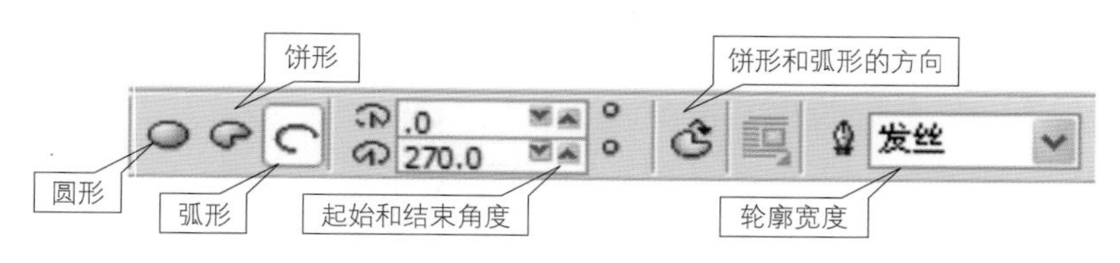

图1-19　椭圆工具属性栏

②分别选择圆形、饼形和弧形后，在绘制窗口中将分别绘制出圆形、饼形和弧形，如图 1-20 所示。

图1-20　椭圆工具属性栏中的3种类型

③绘制半圆形则可以选择“饼形工具”，在绘制窗口中先绘制出饼形，再修改其起始和结束角度为 180°（如图 1-21 所示）则可以绘制出半圆，如图 1-22 所示。

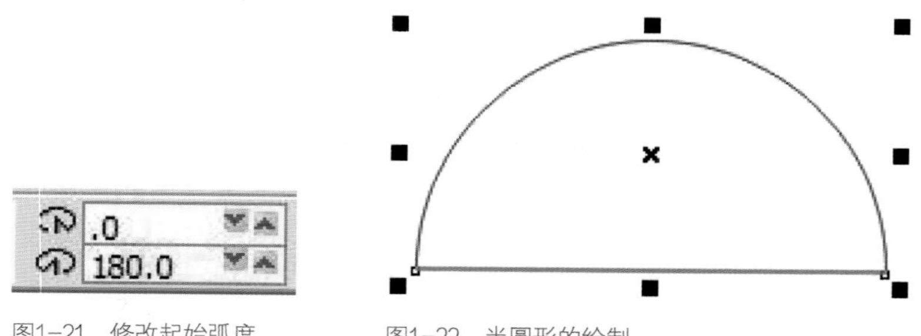

图1-21　修改起始弧度

图1-22　半圆形的绘制

1.2.3　曲线的绘制与编辑

（1）贝塞尔工具

“贝塞尔工具”主要应用于绘制非几何类图形，它可以用来绘制平滑、精确的曲线，通过改变节点和控制点的位置来控制曲线的弯曲度，然后再通过调整控制点去调节直线和曲线的形状。绘制曲线的步骤如下：

①单击选择工具箱中的“贝塞尔工具”。

②在绘制页面上按下鼠标左键并拖动鼠标，作为曲线的起点。

③将鼠标移动到另一端，单击左键后不放开鼠标，此时出现一条具有两个控制点的蓝色控制线，如图 1-23 所示。任意调节控制线的第二个控制点直至达到理想的形状后再放开鼠标，如图 1-24 所示。

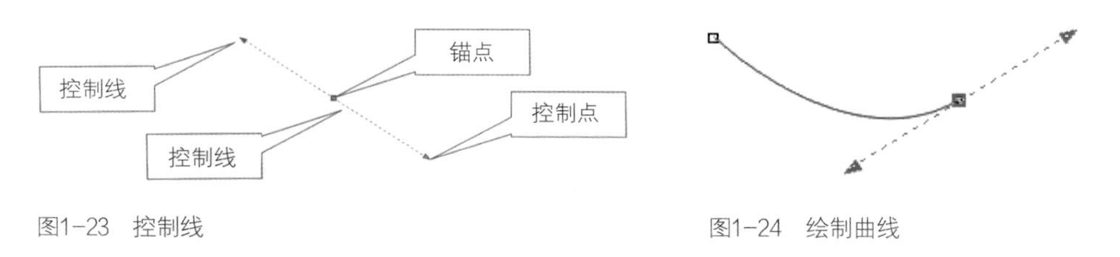

图1-23　控制线

图1-24　绘制曲线

（2）钢笔工具

在工具箱中找到“钢笔工具”，单击并执行下面其中一项操作（图 1-25）。

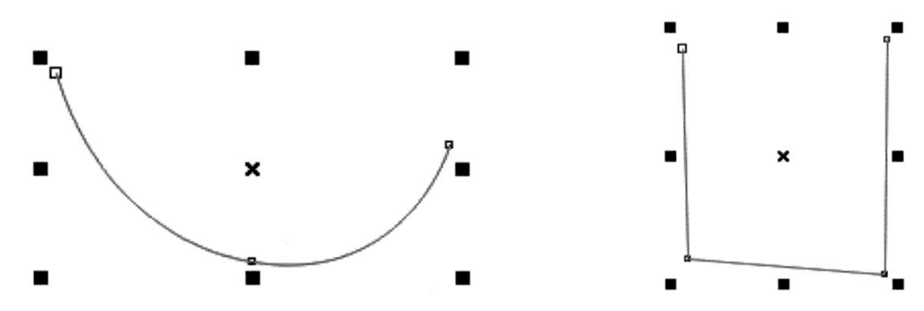

图 1-25　使用“钢笔工具”绘制曲线和直线段

①要绘制曲线段，请在要放置第一个节点的位置单击鼠标左键，然后将控制手柄拖动至要放置下一个节点的位置，松开鼠标左键。双击鼠标左键，结束绘制。

②要绘制直线段，请在要开始该线段的位置单击鼠标左键，然后在要结束该线段的位置松开。双击鼠标左键标志着结束绘制。

（3）曲线编辑

①添加和删除节点。

用“挑选工具”点选上一步绘制的曲线，单击“钢笔工具”，在最后选择的节点上单击鼠标左键，这就意味着还可以继续之前的编辑，通过这种方法把曲线闭合，如图 1-26 所示。

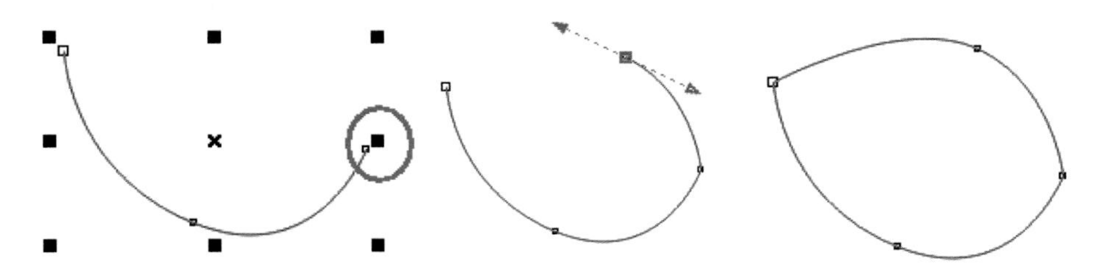

图1-26　绘制曲线并闭合路径

保持选择“钢笔工具”的状态，如果在曲线上单击鼠标左键，则是添加一个节点；如果用鼠标左键单击曲线上的任意一个节点，则是删除节点。曲线形状会相应发生改变。

打开文档，找到工具箱中“多边形工具”里的“星形工具”并单击，在画面上任意位置按住

Ctrl 键，同时用鼠标左键拖动绘制五角星形，这样绘制可保持星形的比例不变。在属性栏里设置星形直径为 80 mm。

然后在属性栏中找到“多边形、星形和复杂星形的点数或边数” 和“星形和复杂星形的锐度” 这两个命令，在前一个输入框里输入 28，后一个输入框里输入 20，完成后如图 1-27 所示。

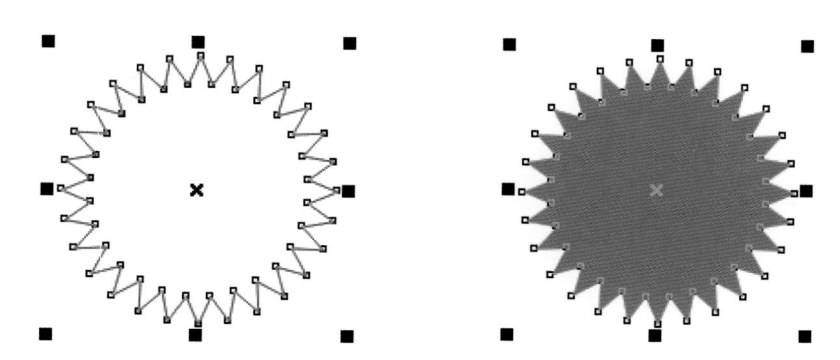

图1-27　绘制30个边的星形并填色

为这个复杂星形填色。在工具箱中找到“填充”类工具，并执行“均匀填充”命令 均匀填充，在弹出的“均匀填充”对话框中，设置颜色（C：7，M：99，Y：94，K：0），单击“确定”即可填充完毕。最后取消描边效果（用鼠标右键单击右侧色盘最上面的“无色填充” ⊠ 即可）。

保存这个文档至硬盘分区中。如果软件使用环境仅是 CorelDRAW X4，那么保存的格式可以是 14.0 版；如果想要向下兼容旧版本 CorelDRAW，那么在保存对话框中选择合适的版本。

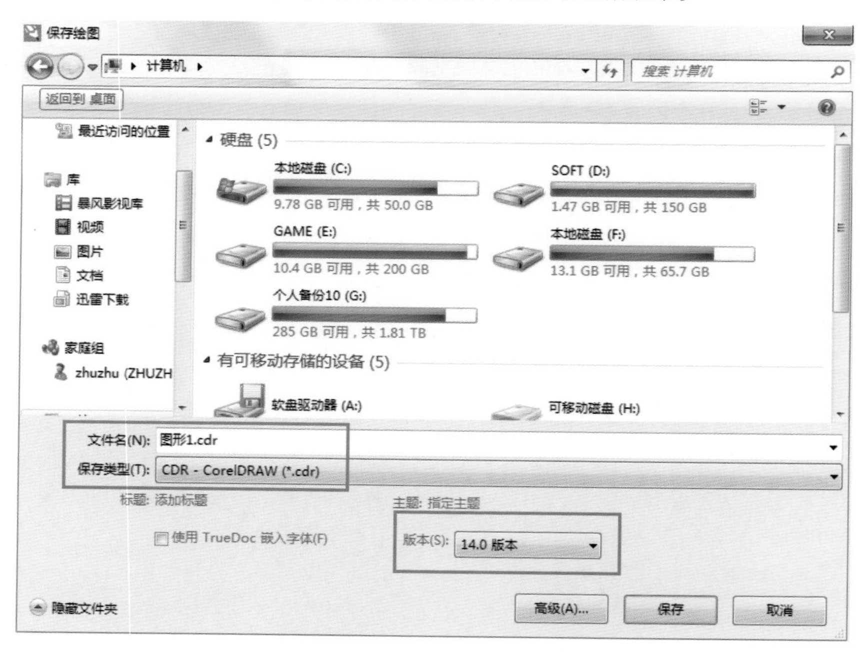

图1-28　保存文件时要注意保存的CDR文件版本

通过以上练习可以看出，无论是自己动手绘制的图形、曲线，还是通过工具箱中的命令绘制的图形，节点数量、位置都是可以修改的。

②闭合和断开曲线。

选择绘制的曲线，然后找到工具箱中“形状工具”，在曲线上任意位置单击，会出现如图 1-29 显示的效果。然后在属性栏中找到“断开曲线”命令，单击，则该曲线就在图 1-29 红圈中的位置断开了。单击并拖动图中蓝色三角形，就可以把闭合的曲线拖动成为开口的曲线了。

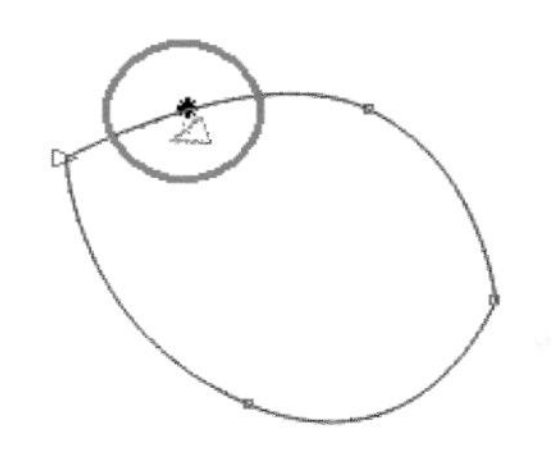
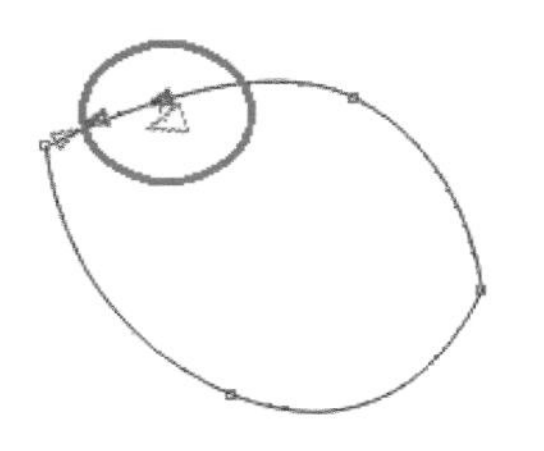
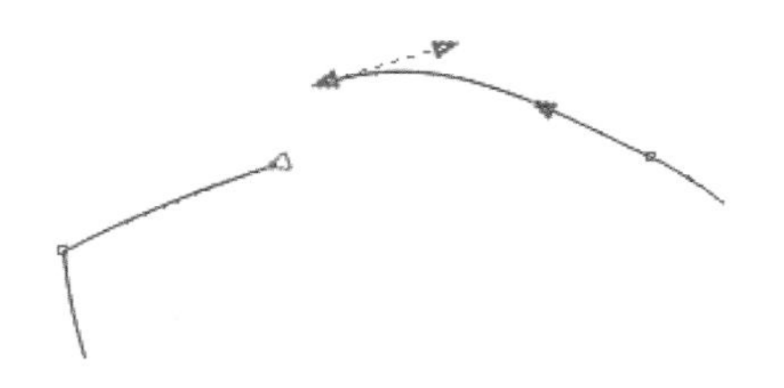

图1-29　闭合和断开曲线的操作

（4）图形的修整

①图形的焊接和相交。

不管对象之间是否相互重叠，都可以将它们焊接起来。如图 1-30，具体操作：选择两片叶子作为来源对象；按住 Shift 键，同时单击目标对象；找到菜单栏命令“排列 / 造型 / 焊接”并点击。

②对象的修剪简化。

修剪通过移除重叠的对象区域来创建形状不规则的对象（图 1-31）。

图1-30　将叶子焊接到苹果上可以创建单个对象轮廓　　图1-31　利用字母A剪掉了字母后面的对象

（5）复制与再制

在 CorelDRAW 中，“复制”与“再制”是两个不同的概念，如图 1-32 所示。虽然都是对选择对象进行复制，但执行“复制”命令只是将对象放在剪贴板中，必须再执行“粘贴”命令才能复制出对象。

执行“再制”命令则将两个步骤合并，按“Ctrl+D”键即可再制对象，按小键盘上的“+”键则可在原位置再制选择对象。

（6）轮廓线效果

在工具箱中单击“轮廓工具”，在展开的轮廓工具条（图 1-33）中选择轮廓画笔、轮廓颜色等。

要设置轮廓的样式，可在轮廓工具栏中单击“轮廓画笔”按钮，在“轮廓笔”对话框（图 1-34）中选择需要的样式、颜色和宽度等。轮廓样式如图 1-35 所示。

复制(C)　Ctrl+C
粘贴(P)　Ctrl+V
选择性粘贴(S)…
删除(L)　Delete
符号(Y)
再制(D)　Ctrl+D
仿制(N)

图1-32　复制与再制

图1-33　轮廓工具条

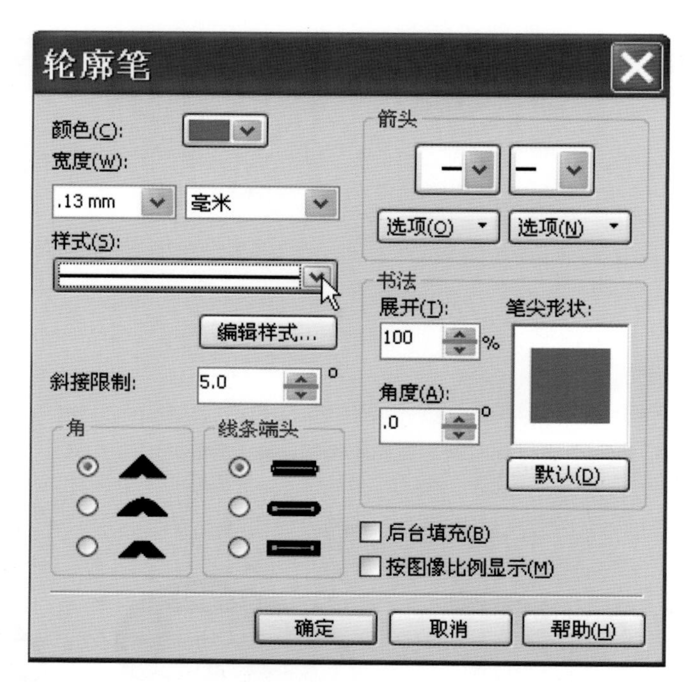

图1-34　“轮廓笔”对话框

图1-35　轮廓样式

1.3 项目实训案例

1.3.1 案例 1：公共标志设计

（1）设计思路

公共标志是用于公共场所的识别符号，这类标志具有指示性、引导性和制约性。设计标志时其形态应该简洁、通俗易懂。公共标志在现代社会里越来越不可缺少，它应该是能与任何人平等地进行交流、能被绝大多数人识别和理解的符号图形，应该具有超越语言、地区和国界的通用性。

本案例“禁止饮用”公共标志（图 1-36）中的“禁止”符号是运用 CorelDRAW X6 软件中“椭圆形工具”和“矩形工具”绘制的，水龙头、水杯图形是运用“矩形工具”“钢笔工具”以及“合并”命令绘制的。在设计制作过程中，要运用到“选择”“复制”和“对齐”等命令。

图1-36 公共标志设计

（2）技术剖析

绘制“禁止饮用”公共标志首先要创建一个新文档，并保存该文档，接着运用“椭圆形工具”和“矩形工具”绘制出禁止符号，再用“钢笔工具”和“几何工具”以及“对象的合并”绘制水龙头、水杯，最后将各个图形组合于其中。有的水源是不能直接饮用的，直接饮用不仅有害健康，而且容易引发事故，标志中的红色起着警示作用。

（3）制作步骤

①创建新文档并保存。

a. 启动 CorelDRAW X6，在出现的欢迎界面中单击“新建空白文档”，在“创建新文档”对话框中设置文档大小和页面方向，如图 1-37 所示。创建的新文档大小为 A4，页面方向为横向，新文档如图 1-38 所示。

b. 鼠标左键单击页面左上方的“文件”菜单，在下拉菜单中选择“另存为”，以“公共标志设计”为文件名保存到自己需要的位置。

创建新文档
名称(N): 未命名 -1
预设目标(D): 自定义
大小(S): A4
宽度(W): 297.0 mm 毫米
高度(H): 210.0 mm
页码数(N): 1 横向
原色模式(C) CMYK
渲染分辨率(R): 300 dpi
预览模式(P) 增强
颜色设置
描述
为文档选择横向或纵向。
不再显示此对话框(A)
确定 取消 帮助

图1-37　“创建新文档”对话框

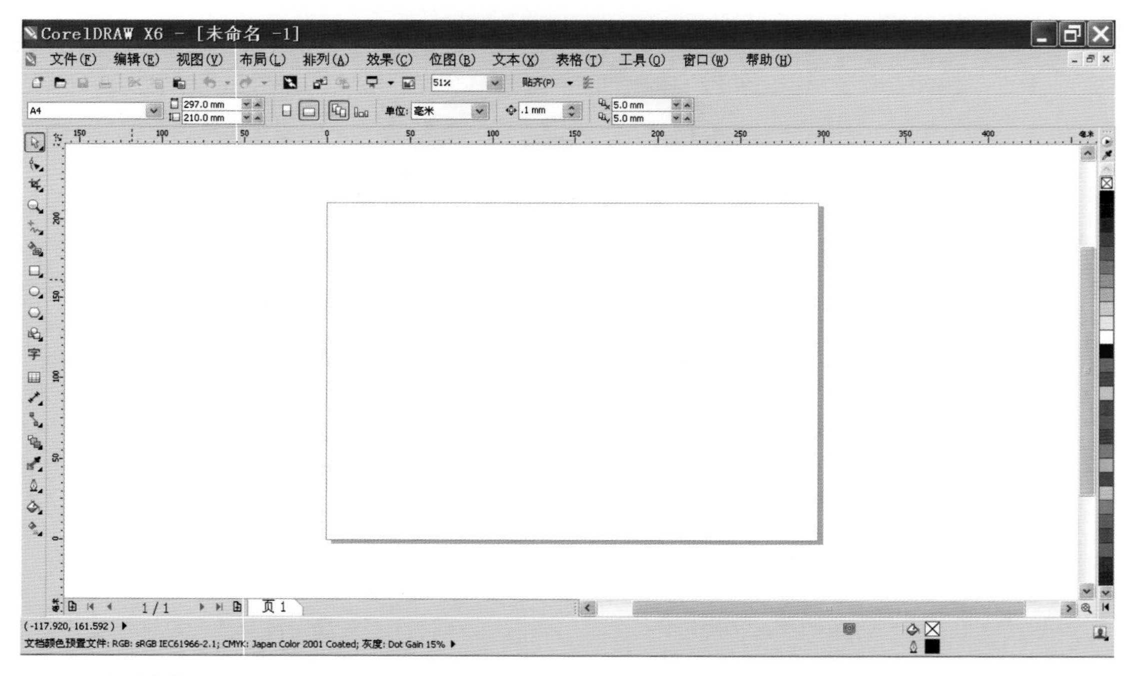

图1-38　新建文档

②使用“椭圆形工具”和“矩形工具”绘制禁止符号。

a. 选择工具箱中的“椭圆形工具”，在绘图区域中单击鼠标左键并向另一方向拖动鼠标，同时按下 Ctrl 键，绘制出一个正圆形。在属性栏上方的“对象大小”处设置圆的直径为 106 mm，单击“填充工具”，打开“均匀填充”对话框■，填充颜色为红色（C:0，M:100，Y:100，K:0），单击“确定”（如图 1-39 所示）。

b. 再按照同样的方法绘制一个直径为 88 mm 的正圆形，填充颜色为白色（C:0，M:0，Y:0，K:0）。同时选中两个正圆形，在“排列”下拉菜单中选择“对齐和分布”中的“垂直居中对齐”“水平居中对齐”，将两个正圆形摆放为同心圆。选择该图形，鼠标右键单击软件界面右侧调色板最顶部的白色块☒，删除图形边框线，如图 1-40 所示。

c. 运用“矩形工具”绘制一个长为 100 mm、宽为 9 mm 的长方形，填充颜色为红色（C:0，M:100，Y:100，K:0），将其放置于同心圆的中央。在属性栏中的“旋转角度”.0°中输入 135，按下 Enter 键确认旋转角度。用“选择工具”选取该图形，鼠标右键单击软件界面右侧调色板最顶部的白色块☒，删除图形边框线，如图 1-41 所示。

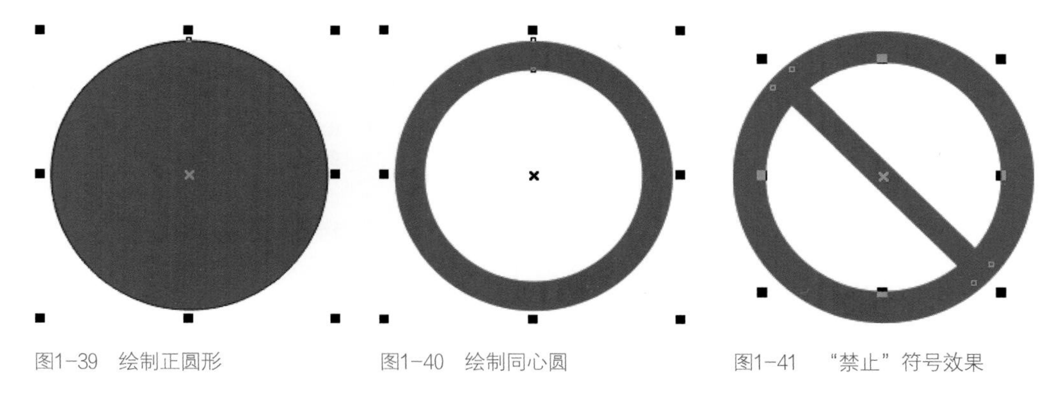

图1-39　绘制正圆形　　图1-40　绘制同心圆　　图1-41　“禁止”符号效果

提示：

用“选择工具”可以选取单个图形，要想同时选取多个图形，按住 Shift 键即可。如果要全选对象，双击“选择工具”则可以快速地直接选取工作区中的所有对象。

③用“钢笔工具”“几何工具”以及“对象的合并”绘制水龙头、水杯。

a. 运用“矩形工具”绘制三个矩形，如图 1-42 所示。框选三个矩形并单击鼠标右键，或选择“排列 / 转换为曲线”命令，如图 1-43 所示，将形状转换为曲线。再用“形状工具”对图形轮廓进行修改，调整成水龙头的形状，注意将所有节点转化为曲线，如图 1-44、图 1-45 所示。全选龙头图形，单击属性栏中“合并命令”，将三个线框合并，并填充颜色为黑色（C:0，M:0，Y:0，K:100），得到如图 1-46 所示的水龙头效果。

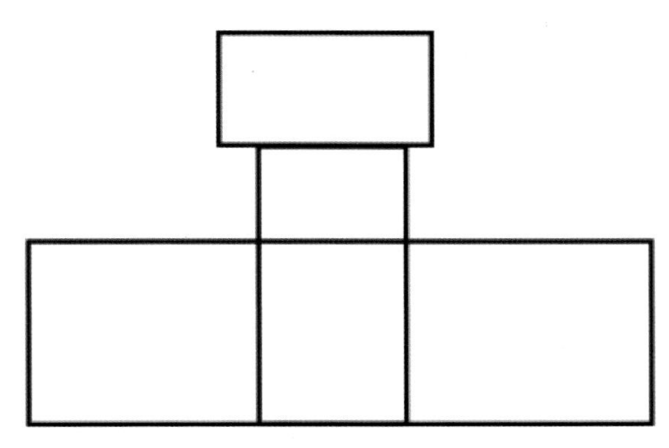

图1-42　绘制矩形

b. 用“钢笔工具”绘制出水龙头的下半部分，填充颜色为黑色（C:0，M:0，Y:0，K:100），如图 1-47 所示。

c. 用“钢笔工具”绘制一个倒梯形，填充颜色为黑色（C:0，M:0，Y:0，K:100），如图 1-48 所示。复制梯形并缩小，水平垂直居中对齐，填充白色（C:0，M:0，Y:0，K:0），得到水杯图形（图 1-49）。再用“钢笔工具”绘制两条水波，按空格键停止绘制，用“形状工具”对轮廓进行修改，如图 1-50 所示。

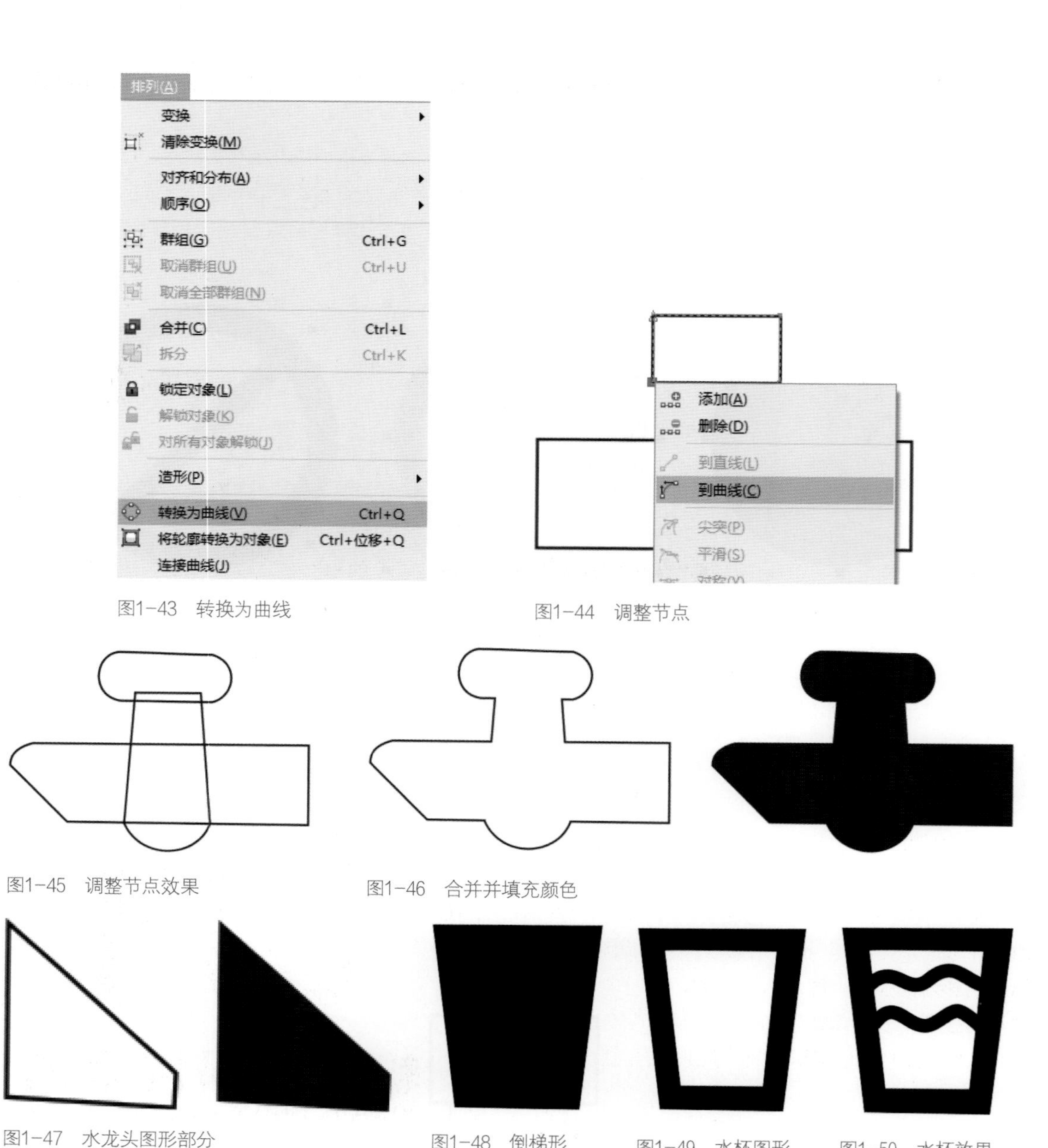

图1-43　转换为曲线

图1-44　调整节点

图1-45　调整节点效果

图1-46　合并并填充颜色

图1-47　水龙头图形部分

图1-48　倒梯形

图1-49　水杯图形

图1-50　水杯效果

提示：

使用“钢笔工具” 绘制图形是通过节点和手柄来达到绘制曲线的目的。将鼠标光标移动到工作区某一位置，单击鼠标左键并向另一方向拖动，即可绘制曲线。在使用“钢笔工具”的过程中，可以在确定下一个节点之前预览曲线的当前形状。

提示：

“贝塞尔工具” 和“钢笔工具” 的用法相似。“贝塞尔工具” 主要应用于描绘非几何类图形，它可以用来绘制平滑、精确的曲线，通过改变节点和控制点的位置来控制曲线的弯曲度，再通过调整控制点去调节直线和曲线的形状。

将“禁止符号”与“水龙头”“水杯”图形进行组合摆放，即可完成公共标志设计的制作，最终效果如图 1-51 所示。

图1-51 公共标志最终效果

（4）案例回顾与总结

本案例主要运用了 CorelDRAW 软件中的“椭圆工具”“钢笔工具”的相关知识和应用来进行标志设计。在设计此类内容时，我们应该注意标志设计的原则以及标志色彩的运用。

1.3.2 案例 2：图书馆标志设计

（1）设计思路

图书馆是传播科学知识的重要窗口，该标志采用书籍图形进行设计，寓意图书馆是传播知识的地方，字母“un”指代“大学”（university）一词的英文，同时，整个图形又像曲折的跑道，象征学子们在求学道路上克服困难，一路前进。标志色彩对比强烈，图形简洁大方，展现了大学生多姿多彩的学习生活，表达希望同学们通过努力学习掌握更多科学知识，以探索更广阔的知识空间的美好愿望。

图1-52 图书馆标志设计

（2）技术剖析

图书馆标志设计（图 1-52）运用了 CorelDRAW X6 软件中的“椭圆形工具”和“矩形工具”绘制基本图形，通过“造形”命令设计图形，用“形状工具”对绘制的图形进行节点编辑、轮廓调整，用“复制”“粘贴”命令实现图形的复制和粘贴，获取同样的图形，并用“水平垂直镜像”命令来调整图形的左右形状，最后用“文本工具”输入文字，将图形和文字进行组合，完成图书馆标志的制作。

（3）制作步骤

①创建新文档并保存。

a. 启动 CorelDRAW X6，在出现的欢迎界面中单击“新建空白文档”，在“创建新文档”对话框中设置文档大小和页面方向，如图 1-53 所示。创建的新文档大小为 A4，页面方向为横向，新文档如图 1-54 所示。

创建新文档

名称(N): 未命名 -1
预设目标(D): 自定义
大小(S): A4
宽度(W): 297.0 mm 毫米
高度(H): 210.0 mm
页码数(N): 1 横向
原色模式(C) CMYK
渲染分辨率(R): 300 dpi
预览模式(P) 增强
颜色设置
描述
为文档选择横向或纵向。
不再显示此对话框(A)
确定 取消 帮助

图1-53 “创建新文档”对话框

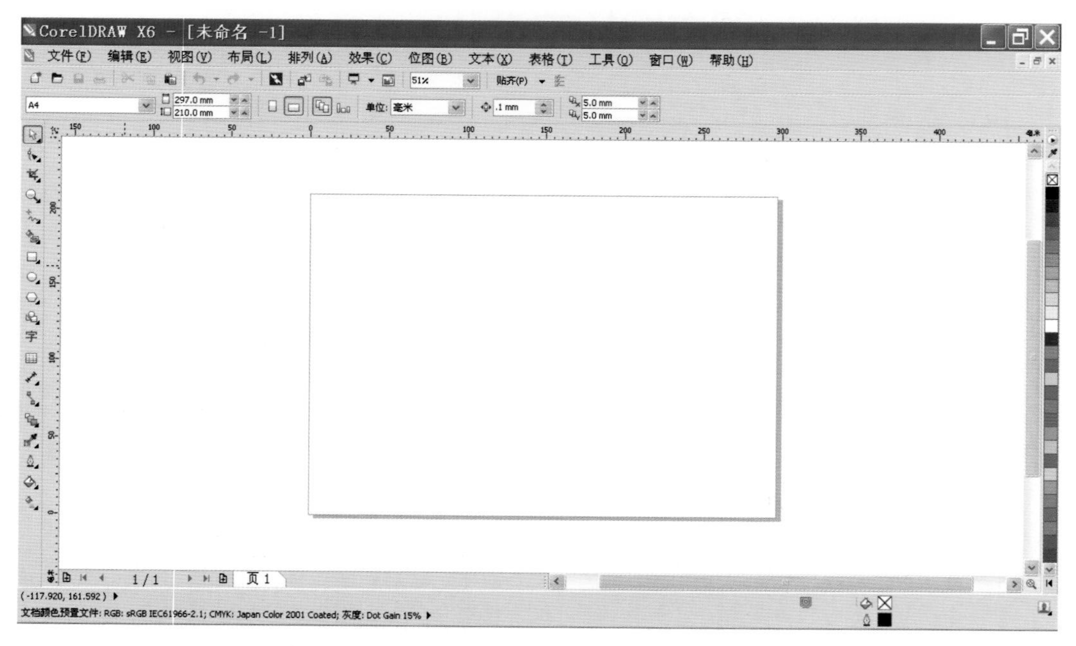

图1-54 新建文档

b. 单击页面左上方的“文件”菜单，在下拉菜单中选择“另存为”，以“图书馆标志”为文件名保存到自己需要的位置。

②用“基本形状工具”和“造形”命令绘制编辑图形。

a. 在工具箱中选择“矩形工具”，绘制矩形。在工具箱中选择“椭圆形工具”，在矩形下方绘制与矩形等宽的椭圆形。框选矩形、椭圆形，单击属性栏中“合并”按钮，将矩形、椭圆形合并，如图 1-55 所示。

b. 复制上一步骤绘制的图形，并进行缩放，如图 1-56 所示。使用“形状工具”编辑曲线上的节点，选中中间图形上方两个节点，按住 Shift 键垂直往上拖动并超出外面图形上方，以便造形修剪，如图 1-57 所示。

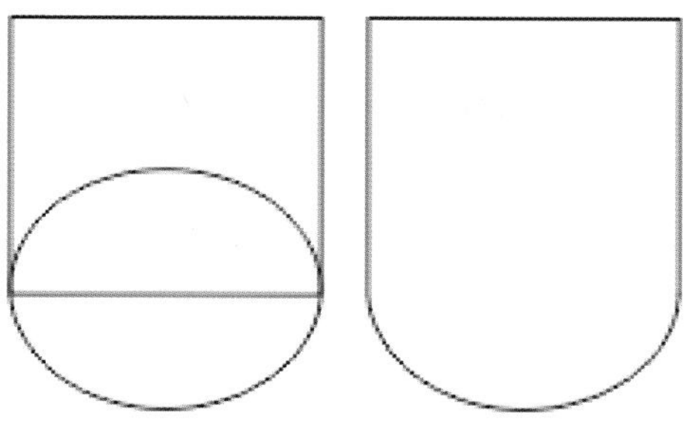

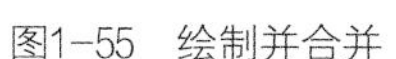

图1-55　绘制并合并

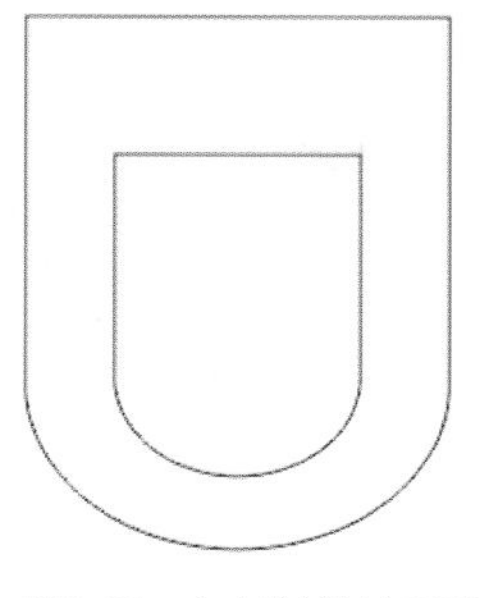

图1-56　复制并缩放图形

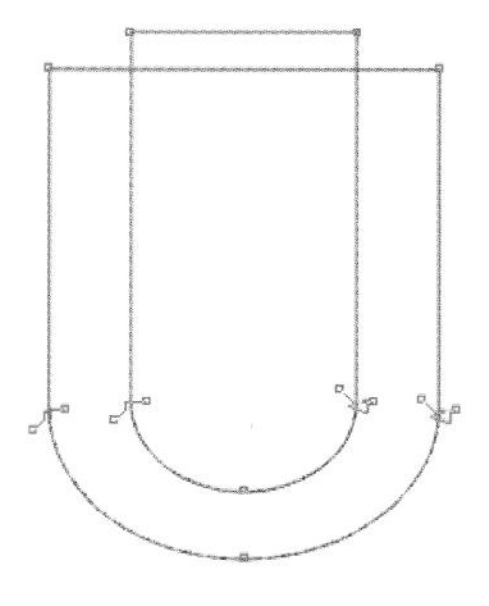

图1-57　调整中间图形

c. 选中中间图形，选择“排列”→“造形”命令，弹出“造形”泊坞窗，选择“修剪”命令进行修剪，如图 1-58 所示，再单击外面图形，得到修剪后的图形，如图 1-59 所示。

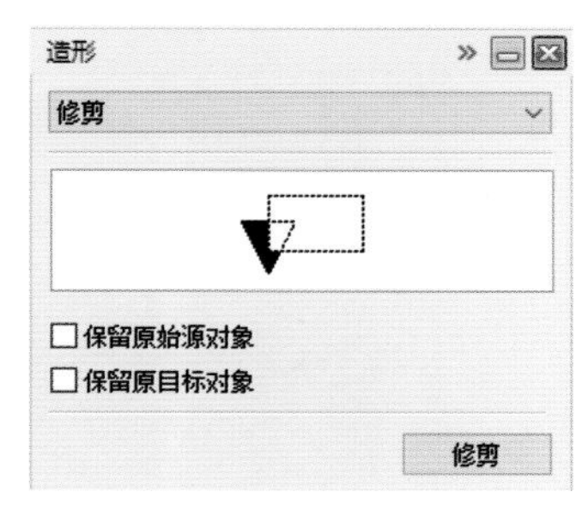

图1-58　修剪命令

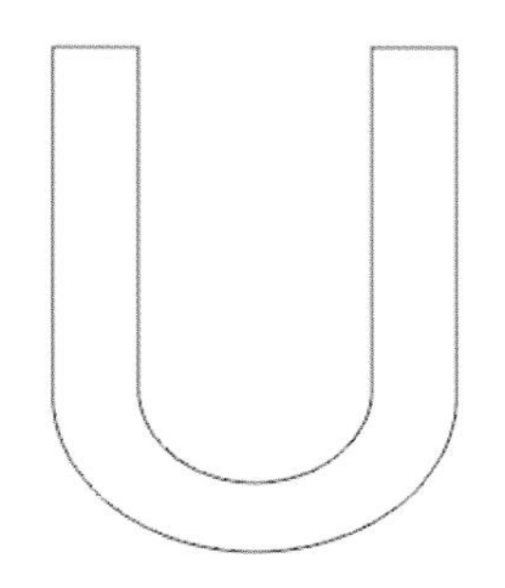

图1-59　修剪后的图形

d. 在工具箱中选择“椭圆形工具”，在“U”形左上方绘制与左边等宽的椭圆形。框选“U”形、椭圆形，单击属性栏中“合并”按钮，将“U”形、椭圆形合并，如图 1-60 所示。复制（Ctrl+C）并粘贴（Ctrl+V）图形，向右拖动，并进行“水平镜像”、“垂直镜像”两个步骤，移动到刚刚相互重叠的竖向笔画，如图 1-61 所示。使用“形状工具”编辑曲线上的节点，选中左边图形右上方两个节点，按住 Shift 键垂直往下拖动到图形内，选中右边图形左下方两个节点，按住 Shift 键垂直往上拖动到图形内。框选“U”形、“n”形图形，单击属性栏中“合并”，将“U”形、“n”形合并，如图 1-62 所示。最后，填充灰色（C:0，M:0，Y:0，K:50），鼠标右键单击软件界面侧调色板最顶部的白色块 ☒，删除图形轮廓线，如图 1-63 所示。

提示：

复制、粘贴除了使用快捷键外，还可以选择“编辑”菜单下的“复制”“粘贴”命令。也可以用选择工具选中图形，单击鼠标左键拖曳图形时快速单击鼠标右键，实现复制粘贴。

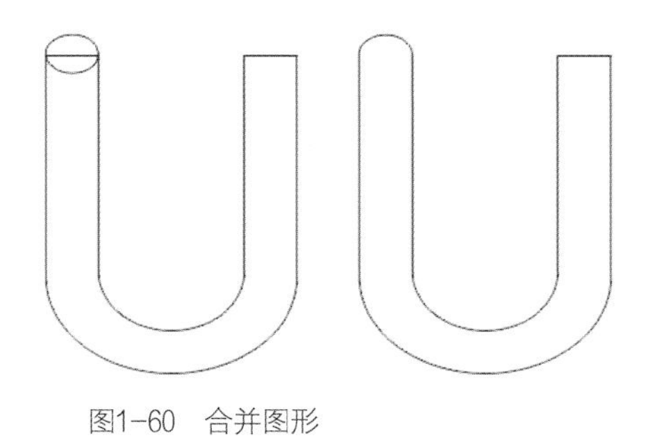

图1-60　合并图形

图1-61　复制并镜像

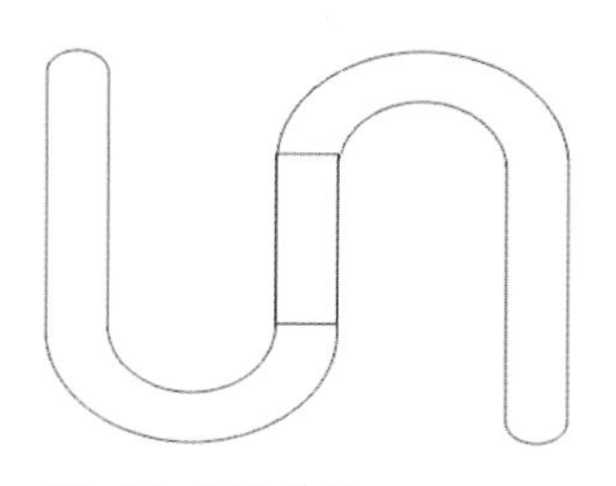
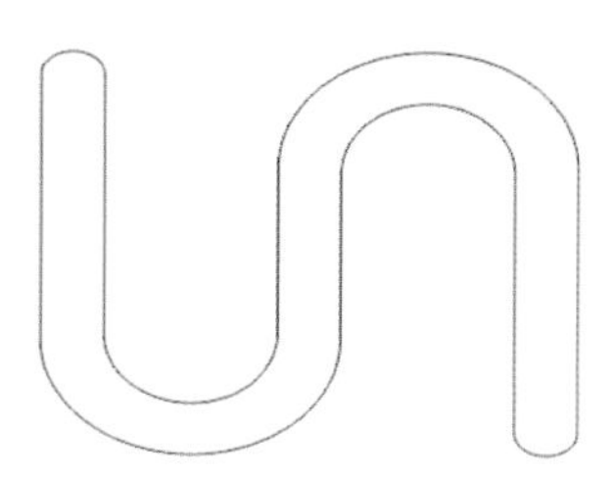

图1-62　调整合并

图1-63　填充颜色

e. 绘制标志中间图形。在工具箱中选择“矩形工具”，绘制矩形。在工具箱中选择“椭圆形工具”，在矩形下方绘制与矩形等宽的椭圆形。框选矩形、椭圆形，单击属性栏中“合并”，将矩形、椭圆形合并，如图 1-64 所示。使用“形状工具”编辑曲线上的节点，将节点“转曲”，调整曲线形状，并填充红色（C:0，M:100，Y:100，K:0），鼠标右键单击软件界面右侧调色板最顶部的白色块☒，删除图形轮廓线。复制（Ctrl+C）并粘贴（Ctrl+V）该图形，进行“垂直镜像”，填充绿色（C:100，M:0，Y:100，K:0），如图 1-65 所示。

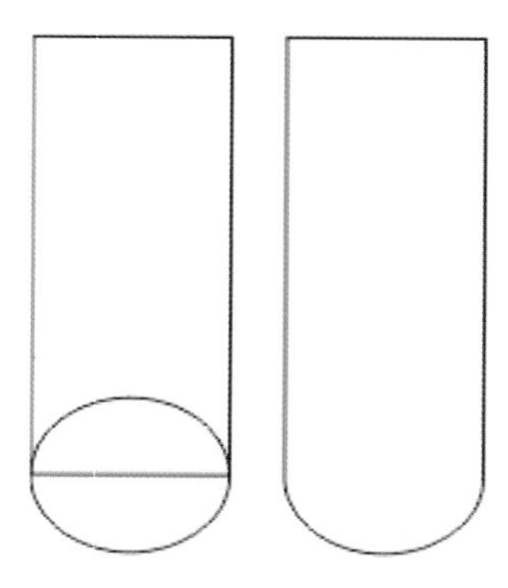

图1-64　合并图形

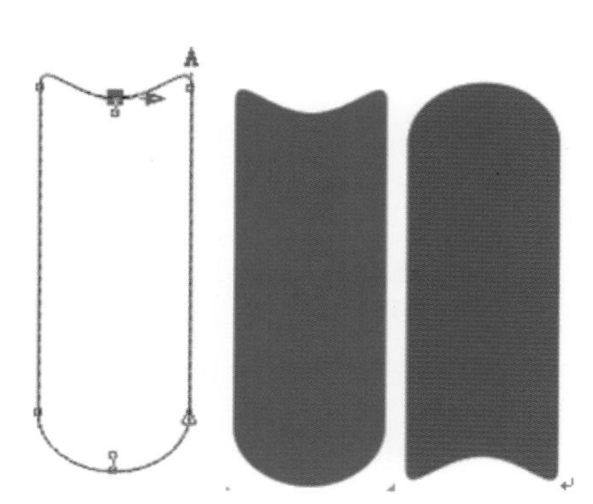

图1-65　绘制中间图形

提示：

利用工具箱中的“形状工具”，可以对曲线的节点进行编辑。单击某一节点，该节点就处于选中状态，按住鼠标左键拖动鼠标即可以移动节点完成曲线形状的编辑。双击曲线中任意一个节点，可以删除该节点。而双击曲线上任意一个没有节点的地方，则可以在该曲线上增加一个节点，或者在曲线上单击鼠标右键，也可以添加、删除节点。

图1-66　标志图形效果

f. 用“选择工具”分别选取各部分图形，调整图形位置，标志基本图形就绘制好了，效果如图 1-66 所示。

③用文本工具输入文字。

a. 单击“文本工具”字，将鼠标移动到绘图窗口中时，光标变成“十字”形状，单击左键光标变成闪烁的“I”形状，用键盘打出“新华大学图书馆”字样。使用“选择工具”选取“新华大学图书馆”文字，在“文本工具”属性栏中的“字体列表”中选择字体 经典繁角隶，在“字体大小”下拉列表中选择字号“40”，文字填充颜色为黑色（C:0，M:0，Y:0，K:100）。输入“XINHUA UNIVERSITY LIBRARY”字样，使用“选择工具”选取“XINHUA UNIVERSITY LIBRARY”文字，在“文本工具”属性栏中的“字体列表”中选择字体 Arial，在“字体大小”下拉列表中选择字号“16”，文字填充颜色为黑色（C:0，M:0，Y:0，K:100），如图 1-67 所示。

新華大學圖書館
XINHUA UNIVERSITY LIBRARY

图1-67　输入文字效果

b.将文字放置于标志下方，将标志图形全选，执行“群组”命令 ，选中标志图形与文字，选择“排列”→“对齐与分布”→“垂直居中对齐”命令（图1-68），图书馆标志便设计完成，如图1-69所示。

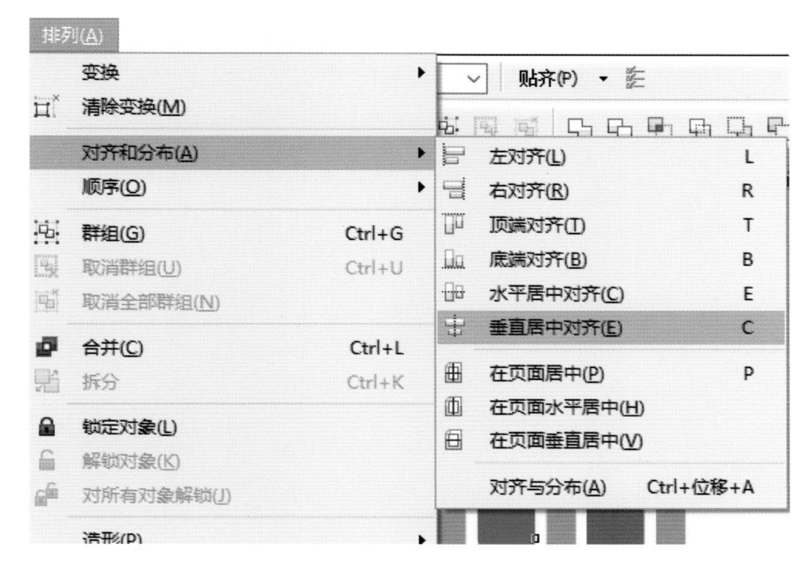

图1-68　排列/对齐与分布/垂直居中对齐

新華大學圖書館
XINHUA UNIVERSITY LIBRARY

图1-69　图书馆标志设计最终效果

（4）案例回顾与总结

本案例主要运用了CorelDRAW软件中的“矩形工具”“椭圆形工具”“造形”命令的相关知识和应用来进行标志设计。在设计此类内容时我们应该注意编辑节点的方法和“造型”命令的应用。

插画的绘制

学习目的

通过学习了解插画的相关知识，掌握插画的绘制技巧，学会使用调色板，运用均匀填充、渐变填充、图样填充、底纹填充进行主题插画绘制。

知识重点

1.均匀填充
2.渐变填充
3.图样填充
4.底纹填充
5.删除填充和填充纹样

知识难点

1.渐变填充
2.图样填充

P23～42

习题及答案

2.1 插画基础知识

插画最早来源于招贴海报，是一种艺术形式。在人们平常所看的各种刊物或儿童图画书里，文字之间所加插的图画统称为“插画”。作为现代设计的一种重要的视觉传达形式，插画以其直观的形象性、真实的生活感和美的感染力，在现代设计中占有特定的位置。插画被广泛地用于社会的各个领域，如出版物、海报、动画、游戏、包装、影视等各个方面，如图 2–1 所示。

图2–1　海报插画

现代插画的形式多种多样，可以传播媒体分类，亦可以功能分类。以媒体分类，基本上分为两大部分，即印刷媒体与影视媒体。印刷媒体包括招贴广告插画、报纸插画、杂志书籍插画、产品包装插画、企业形象宣传品插画等。影视媒体包括电影、电视、计算机显示屏等。

插画已成为当下不可替代的艺术形式。它不但能突出主题思想，而且还能增强艺术感染力。插画艺术扩展了人们的视野，丰富了人们的头脑，给人们以无限的想象空间，而且开阔了人们的心智。

2.2 填充与轮廓

2.2.1 常用颜色模式

在 CorelDRAW 中，常用的颜色模式主要有 RGB 模式、CMYK 模式、HSB 模式和 Lab 模式等，其中 RGB 模式和 CMYK 模式是众多颜色模式中最常用的两种，尤其适合各种数字化设计和印刷系统。

（1）RGB 模式

在计算机显示器上显示的成千上万种颜色是由 Red（红）、Green（绿）、Blue（蓝）三种颜色组合而成。这三种颜色是 RGB 颜色模式的基本颜色。在 RGB 颜色模式中，所有的颜色都由红、绿、蓝三种颜色按照一定的比例组合而成。每一种颜色都由 1 个字节（8 位）来表示，取值范围为 0~255。RGB 的值越大，所表示的颜色就越浅；值越小，所表示的颜色就越深。RGB 模式是一种发光物体的加色模式，依赖于光线。

（2）CMYK 模式

当把显示器上显示的图形输出打印到纸张或其他材料上时，颜色将通过颜料来显示。最常用的方法是把 Cyan（青色）、Magenta（品红色）、Yellow（黄色）、Black（黑色）四种颜料混合起来形成各种颜色。这四种颜色就是 CMYK 颜色模式的基本色。CMYK 颜色模式将四种颜色以百分比的形式来表示，每一种颜色所占的百分比越高，颜色就越深。CMYK 模式是一种颜料反光的减色模式，依赖于颜料。

（3）HSB 模式

HSB 颜色模式用色度、饱和度、亮度来描述颜色。色度是指基本的颜色，饱和度是指颜色的鲜明程度或颜色的浓度，亮度表示颜色中包含白色的多少。亮度为 0 时，表示黑色；亮度为 100 时，表示白色；饱和度为 0 时，表示灰色。

（4）Lab 模式

Lab 模式是由国际照明委员会（CIE）于 1976 年公布的一种色彩模式。Lab 模式由三个通道组成，一个通道是亮度，即 L，另外两个是色彩通道，用 a 和 b 来表示。Lab 模式既不依赖于光线，也不依赖于颜料，它是 CIE 组织确定的一个理论上包括了人眼可见的所有色彩的色彩模式，弥补了 RGB 与 CMYK 两种彩色模式的不足。因此，Lab 颜色模式被公认为标准颜色模式。

提示：

如果只在数码显像设备上显示，作品可以使用 RGB 颜色模式来定义颜色；如果作品需要通过印刷方式输出，就必须用 CMYK 颜色模式。

2.2.2 调色板的应用

调色板是最常用的颜色组件，一般显示在 CorelDRAW 窗口的右侧。调色板每次可显示 30 种色块，单击“上”、“下”移动按钮，可以滚动其中未显示出来的色块。当鼠标指针放在调色板的色块上时，会显示颜色名称。CorelDRAW 提供了多达 18 种调色板，系统默认的调色板为 CMYK 模式调色板，如图 2-2 所示。也可以通过“窗口”→“调色板”子菜单命令来选择调色板，如图 2-3 所示。

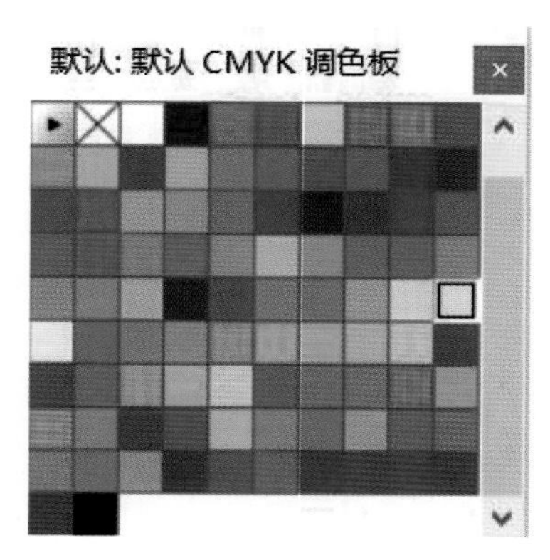

图 2-2　CMYK模式调色板

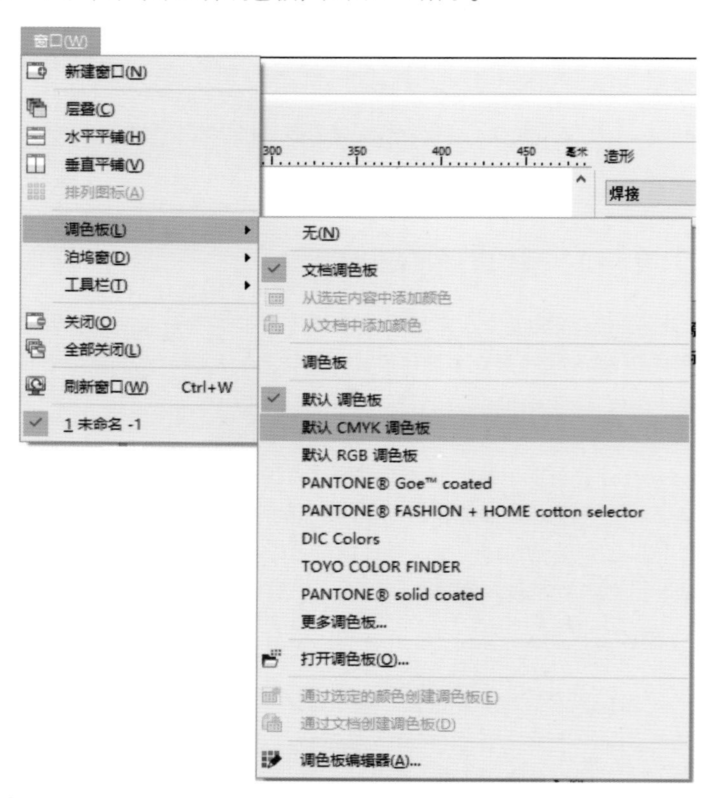

图2-3　调色板菜单栏

2.2.3　填充工具

在 CorelDRAW 中，填充的内容可以是单一的颜色、渐变的颜色，也可以是图样和底纹。填充方式主要有“均匀填充”、“渐变填充”、“图样填充”、“底纹填充”和“PostScript 填充”，这些填充按钮均隐藏在“填充工具”的工具条中。在工具箱中，单击“填充工具”，可以在展开的填充工具条（图 2-4）中选择填充的样式。

（1）均匀填充

均匀填充是用单色进行填充，主要有三种方法。

①使用调色板填充颜色。选中要填充的图形对象，在 CorelDRAW 窗口右侧的调色板上单击颜色块，会为图形内部进行填充。调色板每次可显示 30 种色块，单击按钮，可以展开未显示出来的色块。系统默认的调色板为 CMYK 模式调色板，如图 2-5 所示。

②使用“颜色”泊坞窗对图形对象进行颜色填充。在工具箱中单击“填充工具”，选择“颜色泊坞窗”，在该窗口可以选择填充颜色，如图 2-6 所示。

③使用“均匀填充”对话框进行颜色填充。选取要填充的对象，单击“填充工具”，选择“均匀填充”，在此对话框中拖动小方框确定所选的颜色，如图 2-7 所示。也可以在文本框中直接输入 0 ~ 255 的数值来设置颜色，填充后的效果如图 2-8 所示。

图2-4 填充工具

默认: 默认 CMYK 调色板

图 2-5 CMYK模式调色板

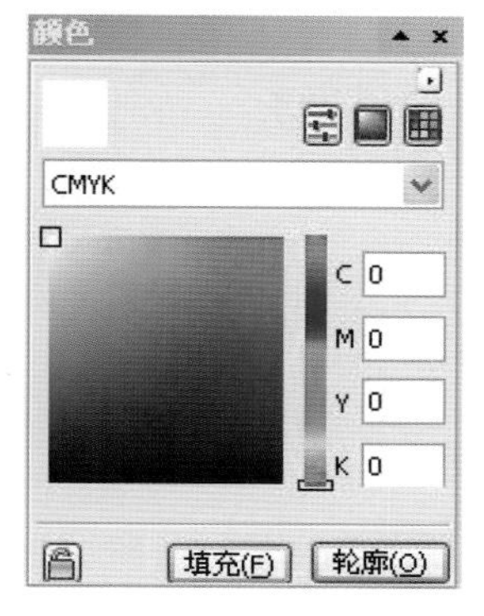

图 2-6 “颜色”泊坞窗

图2-7 “均匀填充”对话框

图2-8 均匀填充效果

（2）渐变填充

渐变填充有线性、射线、圆锥和方形四种填充模式。每种模式下都有双色填充和自定义填充两种形式。在使用“渐变填充”时，填充色可以由一种颜色变化到另一种颜色。

①选取填充对象后，在工具箱中单击“填充工具”，在工具条中单击“渐变填充”，弹出“渐变填充”对话框，设置渐变式填充，如图 2–9 所示。

②在“渐变填充”对话框中的“类型”下拉列表中，选择渐变填充方式的类型，分别是线性、射线、圆锥和方形，几种渐变填充模式的效果如图 2–10 所示。

③选择射线、圆锥和方形的渐变式填充，可在“渐变填充”对话框的“中心位移”选项区域的“水平”和“垂直”框中设置渐变填充的中心位移值，也可在预览框中单击鼠标左键确定渐变填充的中心位移，如图 2–11 所示。

④在“渐变填充”对话框的“选项”中，可设置渐变填充的“角度”“步长值”及“边界”，改变渐变色的角度和颜色变化的梯度。颜色变化梯度越多，效果越平滑，如图 2–12 所示。

⑤在“渐变填充”对话框的“颜色调和”选项区域中，可以设置“双色”和“自定义”两种填充形式。选中“双色”按钮，可以选择渐变式填充的起始颜色和结束颜色，调整“中点”滑块可以设置颜色变化的中点，如图 2–13 所示。选择“自定义”按钮，可以在起始颜色和结束颜色之间添加中间色，使颜色变化更丰富，如图 2–14 所示。

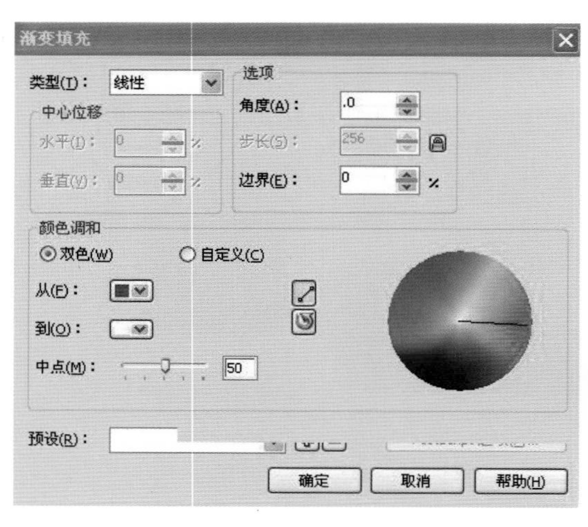

图2-9　“渐变填充”对话框

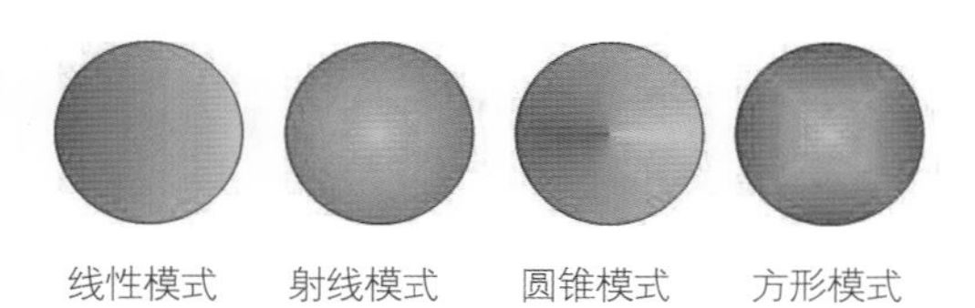

图2-10　几种渐变填充模式

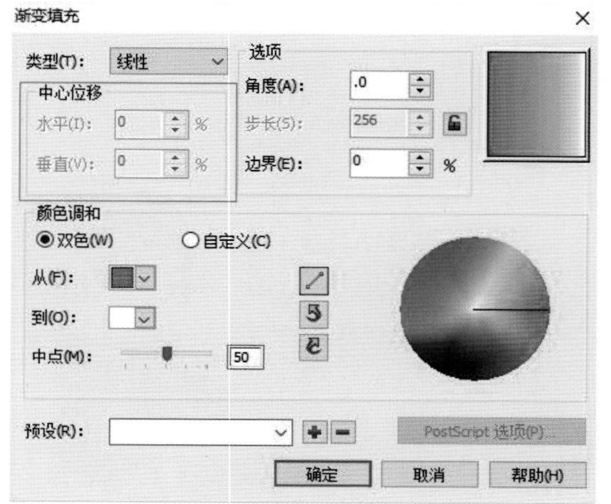

图2-11　设置渐变填充的中心位移

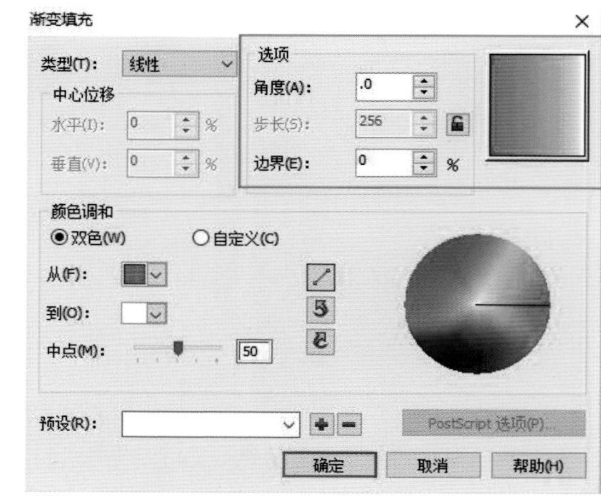

图2-12　“选项”设置

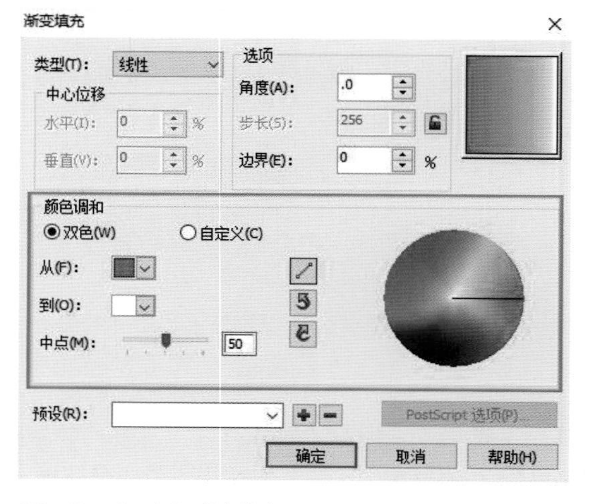

图2-13　“双色”渐变填充

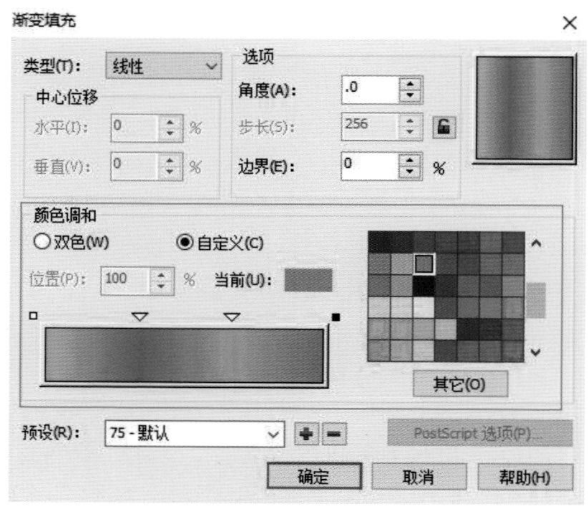

图2-14　“自定义”渐变填充

（3）图样填充

“图样填充”是使用预先生成的图案填充所选的对象。它包括“双色图案填充”“全色图案填充”和“位图图案填充”。“双色图案填充”是由前景色和背景色组成的简单图案。

①单击工具箱中“填充工具”，在弹出的工具条中单击“图样填充”，弹出“图样填充”对话框，如图 2–15 所示。

②在“图样填充”对话框中选择“双色”，即可在双色图案列表中选择填充图案。在“前部”和“后部”颜色列表中，可以为双色图案设置前景色和背景色，如图 2–16 所示。

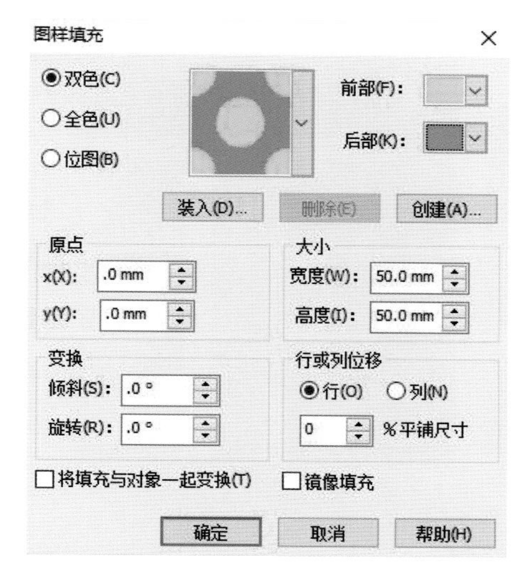

图2–15　“填充图案”对话框

图2–16　几种双色图案填充后的效果

③在“图样填充”对话框中选择“全色”，即可在全色图案列表中选择填充图案，如图 2–17 所示。

④在“图样填充”对话框中选择“位图”，即可在位图图案列表中选择填充图案，如图 2–18 所示。

图2–17　几种全色图案填充后的效果

图2–18　几种位图图案填充后的效果

（4）底纹填充

“底纹填充”是以随机的小块位图作为对象的填充图案，它能逼真地再现天然材料的外观。

①选中要设置底纹填充对象，单击工具箱中“填充工具”，在弹出的工具条中单击“底纹填充”，弹出“底纹填充”对话框，如图 2–19 所示。在“底纹库”下拉列表框中有多个底纹库，每个底纹库中都包含若干底纹样式，如图 2–20 所示。

②选中要设置底纹填充的对象，单击工具箱中“填充工具”，在弹出的工具条中单击“PostScript 填充”，弹出“PostScript 底纹”对话框，如图 2–21 所示。在该对话框中，可在左上角的列表框中选择一种 PostScript 填充图案，选中“预览填充”复选框可以预览 PostScript 填充的效果，如图 2–22 所示。

图2-19 “底纹填充”对话框

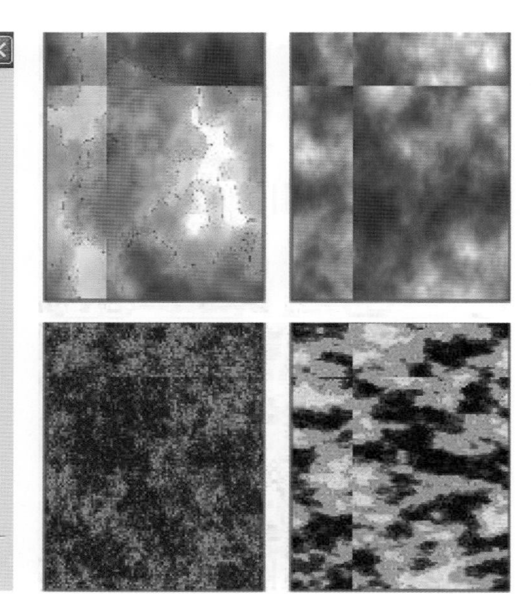

图2-20 几种底纹填充效果

图2-21 “PostScript底纹”对话框

图2-22 几种PostScript底纹填充效果

（5）删除填充色和填充纹样

用“挑选工具” 选中将要删除的填充色或填充纹样的图形对象，然后用鼠标左键单击工作页面右方调色板上方的图标“⊠”，即可删除填充色或填充纹样。

2.2.4 交互式填充工具

交互式填充工具可以完成在对象中添加各种类型的填充。

①在工具箱中单击“交互式填充工具” ，即可在绘图页面的上方看到其属性栏，如图 2-23 所示。

②在属性栏左边的“填充类型”列选框中，可以选择“无填充”“均匀填充”“线性填充”“辐射填充”“圆锥填充”“正方形填充”“双色图样填充”“全色图样填充”“位图图样填充”“底纹填充”

或“半色调挂网填充”，如图 2-24 所示。虽然每一个填充类型都对应着自己的属性栏选项，但其操作步骤和设置方法却基本相同。

图2-23　交互式填充工具属性栏

图2-24　填充类型

③单击“编辑填充”，可以调出所选填充类型的对话框，进行该填充类型的属性设置，设置方法与前面介绍的相同。

提示：

当鼠标停留在某一图标上时，系统会显示该图标的功能标注，对照前面介绍过的对话框中相应选项设置即可。

④建立填充后，通过设置“起始填充色”和“结束填充色”下拉列表框中的颜色和拖动填充控制线及中心控制点的位置，可随意调整填充颜色的渐变效果，如图 2-25 所示。

⑤通过调节填充控制线、中心控制点及尺寸控制点的位置，可调整填充图案或材质的尺寸大小及排列效果，如图 2-26 所示。

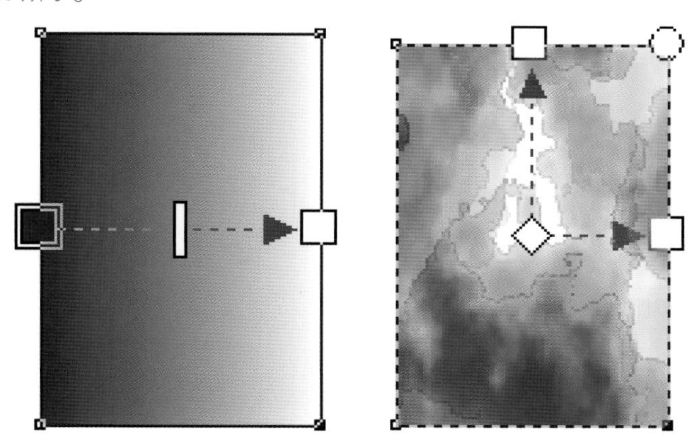

图2-25　调整填充效果

图2-26　使用“交互式填充工具”

2.2.5　交互式网状填充工具

“交互式网状填充工具”可以轻松地创建复杂多变的网状填充效果，同时还可以将每一个网点填充上不同的颜色并定义颜色的扭曲方向。

①选定需要网状填充的对象。

②在“交互式填充工具”的级联菜单中选择“交互式网状填充工具”。

③在“交互式网状填充工具”属性栏中设置网格数目，如图 2-27 所示。

图2-27 “交互式网状填充工具”属性栏

④单击需要填充的节点，然后在调色板中选定需要填充的颜色，即可为该节点填充颜色。

⑤拖动选中的节点，即可扭曲颜色的填充方向，如图 2-28 所示。

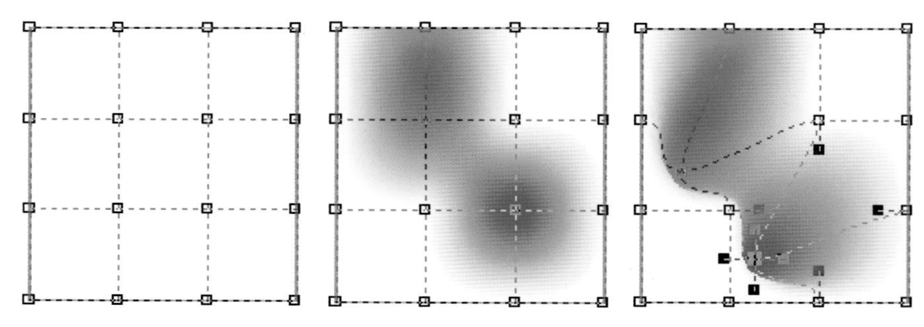

图2-28 使用“交互式网状填充工具”

2.2.6 智能填充工具

“智能填充工具”在保留原图形的基础上，复制并进行填色，在一些交叉区域应用独到。智能填充工具的合理运用，让我们在工作效率方面也会有大的提高，设置色彩以及轮廓可以做到随选随填，不用重复操作。示例如下：

①选择椭圆形工具，在页面中拖动绘制出一个椭圆。

②打开“变换”泊坞窗，按 30 度旋转复制 10 个，如图 2-29 所示。

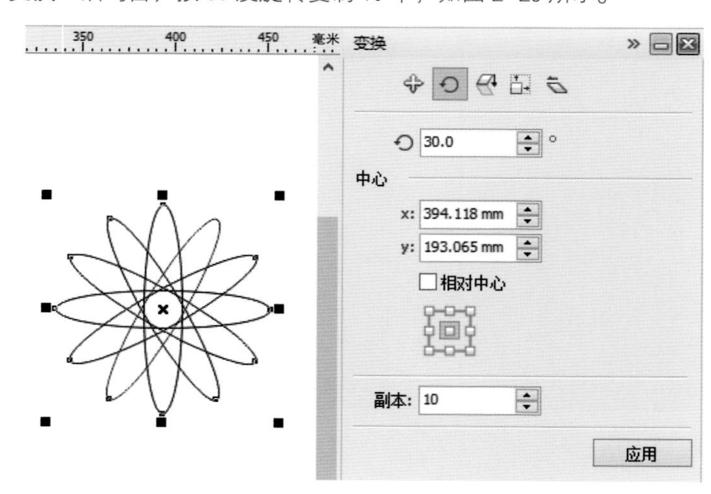

图2-29 “变换”泊坞窗

③选择工具箱中的“智能填充工具”，在“智能填充工具”的属性栏设置好填充颜色，以及是否需要轮廓。设定好之后，在需要填色的区域单击进行填充。在花瓣的外围选择其中几个封闭区域填充红色，如图 2-30 所示。

“智能填充工具”可以非常方便地把图形相交之处创建为一个新的对象，同时也完成对对象的填充，即通过填充创建新对象。同时，使用“智能填充工具”在填色时不会破坏原有图形，之前的图像仍然会被保留。目前，CorelDRAW 的“智能填充工具”只能进行单一颜色的填充，没有渐变色、花纹图案等的填充。

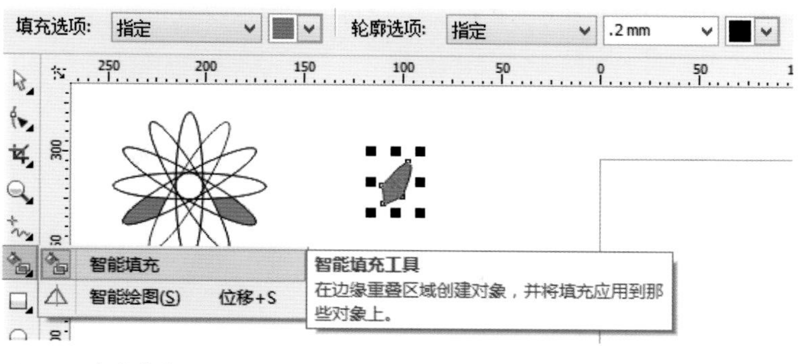

图2-30　智能填充

2.2.7　轮廓工具

在绘图过程中，通过修改对象的轮廓属性，可以起到修饰对象的作用。默认状态下，绘制图形的轮廓线为黑色，宽度为 0.2 mm，线条样式为直线型。在工具箱中单击“轮廓工具”，在展开的轮廓工具条（图 2-31）中选择轮廓画笔、轮廓颜色等。

（1）设置轮廓的样式

在轮廓工具栏中单击“轮廓画笔”，或者按下 F12 键，打开“轮廓笔”对话框。在打开的“轮廓笔”对话框（图 2-32）中选择需要的样式、颜色和宽度等。轮廓样式如图 2-33 所示。

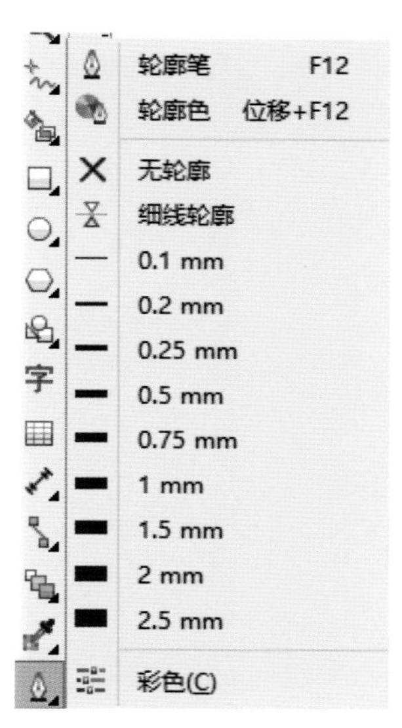

图2-31　轮廓笔工具

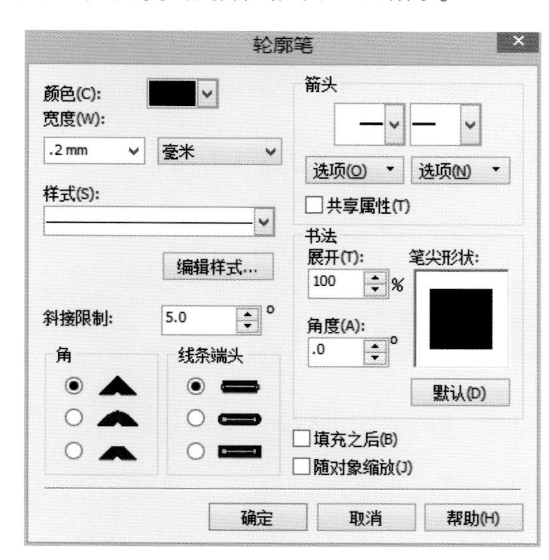

图2-32　“轮廓笔”对话框

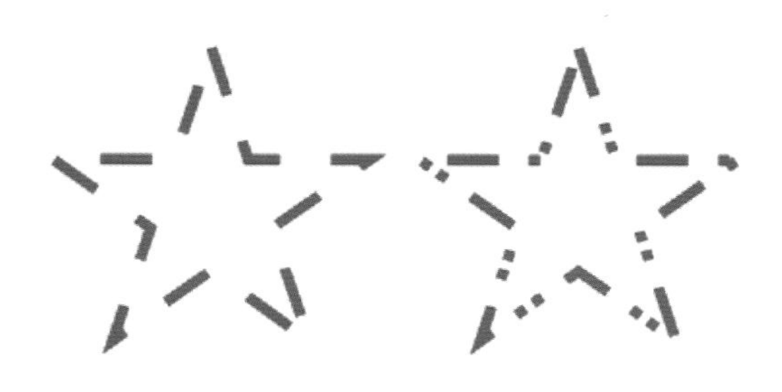

图2-33　轮廓样式

颜色：单击“颜色”按钮，在展开的颜色选取器中选择合适的轮廓颜色，也可以单击“更多”按钮，在弹出的“选择颜色”对话框中自定义轮廓颜色，单击“确定”按钮。

样式：单击“样式”按钮，在其下拉列表中选择系统预设的轮廓线样式，设置完成后单击“确定”按钮。

宽度：用户可以根据需求设定轮廓线的宽度，宽度的单位也可选择。

填充之后：选中该复选框，轮廓线会在填充颜色的下面，填充颜色会覆盖一部分轮廓线。

随对象缩放：选中该复选框，在对图形进行比例缩放时，其轮廓线的宽度会按比例进行相应的缩放。

（2）编辑线条样式

在“轮廓笔”对话框中单击“样式”，选择轮廓线的线形样式；如果对系统提供的线型还不够满意，可以单击“编辑样式”按钮，进入编辑线条样式对话框，如图 2-34 所示。

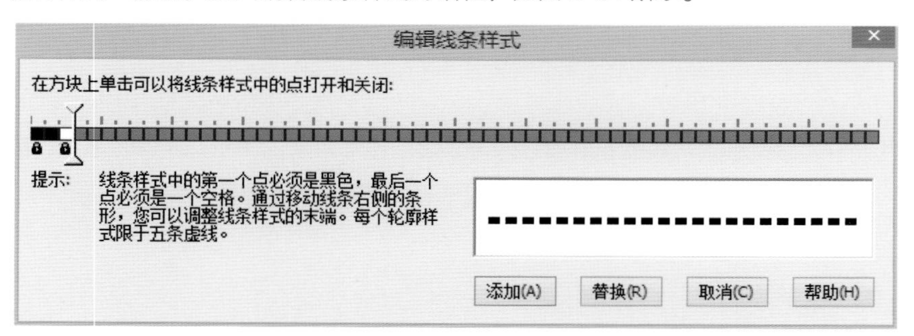

图2-34　在编辑线条样式对话框中编辑虚线

在该对话框中拖动滑块到适当的位置，可以控制虚、实线之间的距离；在需要呈现实心点的位置单击鼠标即可显示该点，再次单击即可清除该点。在右下方的预览窗口中显示了编辑后的虚线样式，单击“添加”按钮即可将编辑好的虚线样式添加到样式列选栏中。如果要编辑已有的轮廓线样式，可在选定该轮廓线样式后，再单击“编辑样式”按钮进行编辑，编辑完成后单击“替换”按钮即可。

2.3 项目实训案例

2.3.1 案例1：卡通形象插画

（1）设计思路

B.Duck 诞生于 2005 年，推出的首款产品是 B.Duck 浴室防水收音机，造型独特的鸭仔防水收音机在日本及欧洲地区大受欢迎。此后，B.Duck 小黄鸭的形象被运用到不同的产品类别，包括家居、浴室、厨房、文具、电子产品和节日礼品等。B.Duck 代表着潮流、玩味、创新百变，一直为中高端消费群所追捧。

（2）技术剖析

该实例运用 CorelDRAW 软件中的“贝塞尔工具”“形状工具”“均匀填充工具”来完成，使用“贝塞尔工具”绘制小黄鸭的外形轮廓，用“形状工具”调整节点，用“填充工具”填充颜色。作品完成后，一双伶俐的眼睛，招牌式的可爱笑容，胖胖的身材，一只可爱的小黄鸭就呈现在我们眼前（图 2-35）。

图2-35　卡通形象插画

（3）制作步骤

①创建新文档并保存。

a. 启动 CorelDRAW X6 后，新建一个文档，默认纸张大小为 A4。单击属性栏中的“竖向工具”□，设置页面方向为竖向。

b. 单击页面左上方的“文件”菜单，在下拉菜单中选择“另存为”，以“卡通形象插画”为文件名保存到自己需要的位置。

②绘制鸭子轮廓。

a. 在工具箱中，选择“椭圆形工具” ，绘制一个椭圆作为鸭子的头部，如图 2-36 所示。单击鼠标右键选择 转换为曲线(V) Ctrl+Q ，将椭圆转换成曲线。选择“形状工具” 对椭圆形轮廓进行修改，调整成鸭子头部的轮廓，注意将所有节点转化为曲线，如图 2-37 所示。选择鸭子头部轮廓，复制（Ctrl+C）并粘贴（Ctrl+V）图形，按住 Shift 键往中心等比例缩小，如图 2-38 所示。

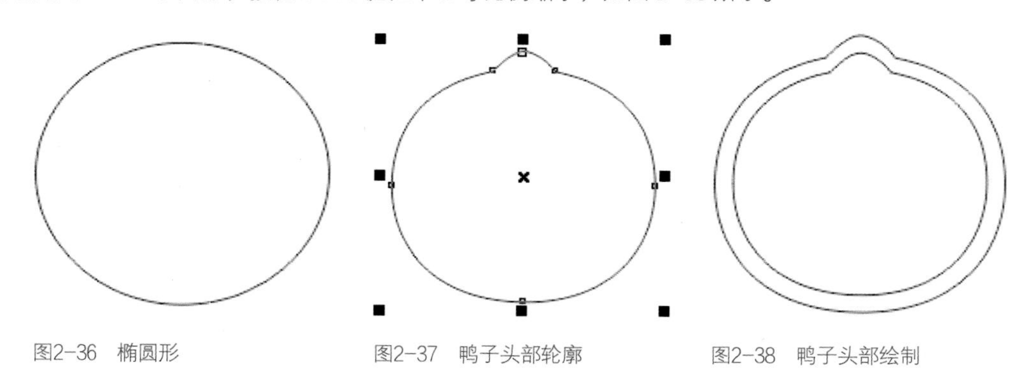

图2-36 椭圆形 图2-37 鸭子头部轮廓 图2-38 鸭子头部绘制

b. 选择“手绘工具” 中的“贝塞尔工具” ，绘制出鸭子的身体轮廓，复制（Ctrl+C）并粘贴（Ctrl+V）图形，按住 Shift 键往中心等比例缩小，如图 2-39 所示。

c. 选择“手绘工具” 中的“贝塞尔工具” ，分别绘制出鸭子右脚外轮廓和内轮廓，如图 2-40 所示。复制（Ctrl+C）并粘贴（Ctrl+V）脚部轮廓图形，按住 Ctrl 键从左往右拖动等比例水平翻转，如图 2-41 所示。调整到合适的位置，鸭子轮廓就绘制完成了，如图 2-42 所示。

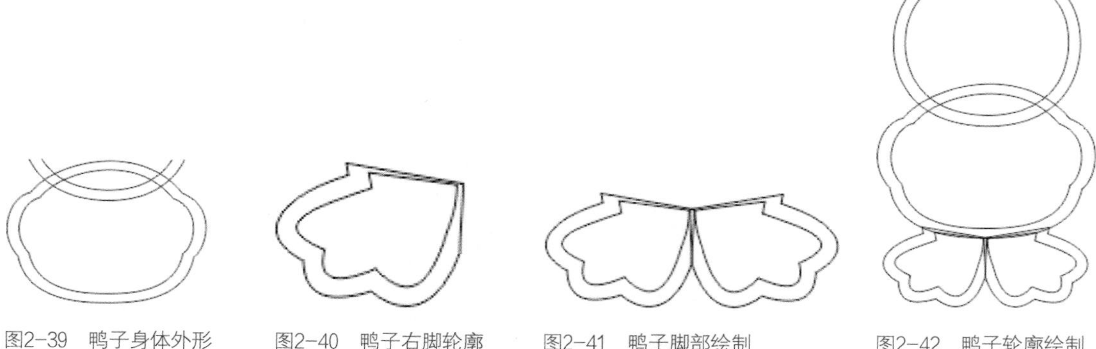

图2-39 鸭子身体外形 图2-40 鸭子右脚轮廓 图2-41 鸭子脚部绘制 图2-42 鸭子轮廓绘制

③填充颜色。

a. 选取头部内轮廓图形，打开“均匀填充对话框” ，均匀填充颜色（C:0，M:20，Y:100，K:0）。再用“选择工具” 选取身体内轮廓图形，均匀填充颜色（C:0，M:20，Y:100，K:0），如图 2-43 所示。选取脚部内轮廓图形，打开“均匀填充对话框” ，均匀填充颜色（C:0，M:60，Y:100，K:0），如图 2-44 所示。填充效果如图 2-45 所示。

b. 按住 Shift 键选取所有外轮廓图形，填充颜色为黑色（C:0，M:0，Y:0，K:100），如图 2-46 所示。框选头部图形，选择“排列”→“顺序”→“到图层前面”（图 2-47），将头部图形置于身体图形上面，如图 2-48 所示。

提示：

用“选择工具”选中图形后，选择菜单栏中的“排列”→“顺序”，可调整图形的上下层位置关系。

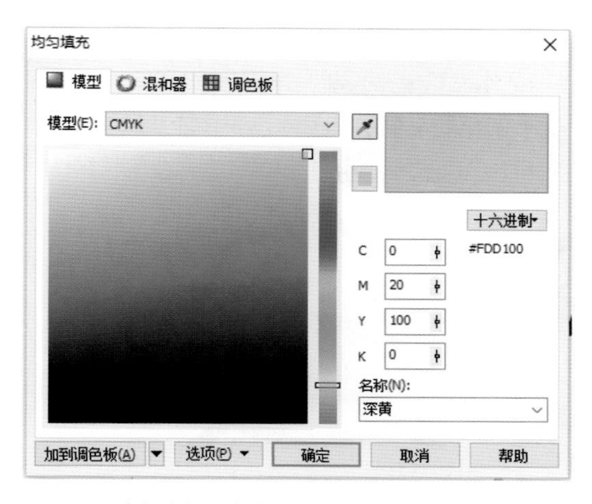

图2-43　填充头部及身体颜色

图2-44　填充脚部颜色

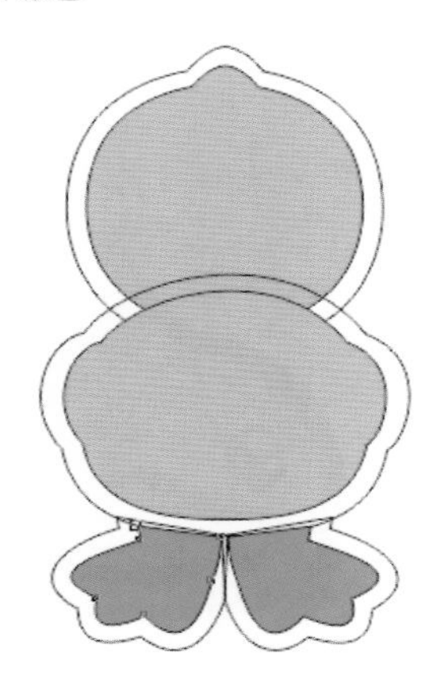

图2-45　填充效果

图2-46　填充外轮廓图形

图2-47　图层顺序

图2-48　头部置于上方

④绘制内部细节。

a. 在工具箱中，选择“椭圆形工具”，在头部左侧绘制一个椭圆作为鸭子的眼睛，并填充黑色（C:0，M:0，Y:0，K:100），在中间绘制两个椭圆，并填充白色（C:0，M:0，Y:0，K:0），如图2-49所示。复制眼睛，在属性栏中选择“水平镜像”，并调整到合适的位置，效果如图2-50所示。

b. 用“贝塞尔工具” 绘制小黄鸭嘴部的外轮廓与内轮廓，内轮廓填充颜色（C:0，M:60，Y:100，K:0），外轮廓填充黑色（C:0，M:0，Y:0，K:100），如图 2-51 所示。用“贝塞尔工具” 绘制小黄鸭嘴部中间线条，打开轮廓笔对话框，设置轮廓宽度为 5.0 mm，线条端头为圆头（图 2-52），并在线条两端绘制黑色圆形，效果如图 2-53 所示。

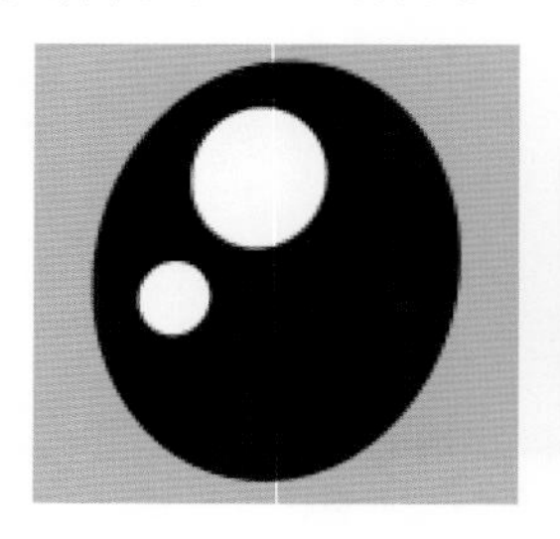

图2-49　绘制小黄鸭眼睛

图2-50　复制并镜像

图2-51　绘制嘴巴轮廓

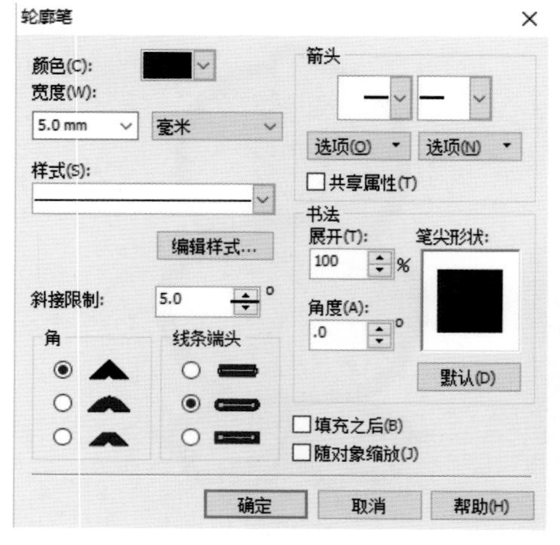

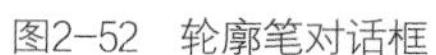

图2-52　轮廓笔对话框

图2-53　绘制嘴巴中间

c. 用“贝塞尔工具” 绘制小黄鸭翅膀和脚部中间线条。打开轮廓笔对话框，设置轮廓宽度为 5.0 mm，线条端头为圆头。框选小黄鸭翅膀、脚部中间线条，选择“排列”→“将轮廓转换为对象”（图 2-54），小黄鸭就绘制完成了，整体效果如图 2-55 所示。

图2-54　将轮廓转换为对象

图2-55　小黄鸭完成效果

（4）案例回顾与总结

本案例主要学习了基本形状绘制、“贝塞尔曲线工具”的使用方法。除了使用绘图工具外，也学习了在排列菜单下顺序调整、“将轮廓转换为对象”等命令。卡通形象插画的绘制，主要对造型、色彩搭配有一定要求，同时要将卡通形象的个性特征描绘出来。

2.3.2 案例2:儿童插画

（1）设计思路

儿童插画中有可爱的小玩偶、动物头像的气球等图形，以明快、亮丽的色调为主，搭配蓝天与白云、鲜花与草地，使整个画面欢快喜庆，充满童趣。一张精美的儿童插画能唤起人们对童年时的美好回忆。

（2）技术剖析

该案例运用CorelDRAW X6软件的“椭圆形工具”“贝塞尔工具”进行卡通插画的绘制，如图2-56所示。同时，用“填充工具”填充底色，用“绘图工具”绘制动物头像的气球、彩虹等图形，鲜花的颜色运用了“渐变填充”。

图2-56　儿童插画

（3）制作步骤

①创建新文档并保存。

a.启动CorelDRAW X6，单击 “新建”按钮，新建一个文档。

b.在“文件”下拉菜单中选择“另存为”，以“儿童插画”为文件名保存。

②绘制背景。

a.选择“矩形工具”，绘制宽为140 mm、高为100 mm的矩形。

b.打开“渐变填充对话框”，选择“类型”为线性，设置“角度”为-90，“边界”为0，“颜色调和”勾选双色，设置颜色为“从（F）”（C:57，M:2，Y:2，K:0）“到（O）”（C:0，M:0，Y:0，K:0），“中点（M）”为40，单击“确定”按钮。天空颜色就填充好了，如图2-57所示。

c.选择“手绘工具”中的“贝塞尔工具”，绘制出草地的轮廓，并分别填充颜色（C:16，M:0，Y:86，K:0；C:31，M:0，Y:93，K:0；C:63，M:3，Y:100，K:0）。然后用鼠标右键单击工作页面右方调色板上方的图标☒，删除轮廓线。此时草地的绘制如图2-58所示。

图2-57 天空颜色填充效果

图2-58 绘制草地

d. 选择工具栏中的“椭圆形工具”，绘制两个正圆形。用“选择工具”同时选中这两个正圆，打开菜单栏中的“排列”→“对齐与分布”，在“对齐面板”中分别点选“垂直居中对齐”“水平居中对齐”，对齐对象到活动对象。在属性栏中选择“修剪”，得到一个环形，如图 2-59 所示。选择“矩形工具”，绘制一个宽为 100 mm、高为 55 mm 的矩形。将该矩形放置于环形的水平位置，用“选择工具”同时选中环形和矩形，如图 2-60 所示。在属性栏中选择“修剪”，用“选择工具”选中矩形，删除矩形后得到一个半环形，如图 2-61 所示。

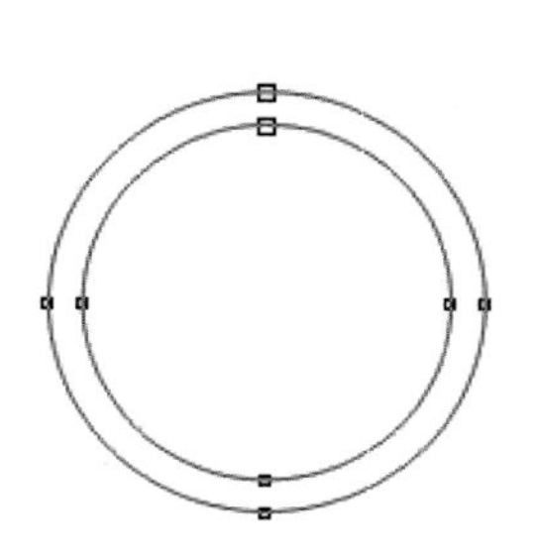

图2-59 一个环形

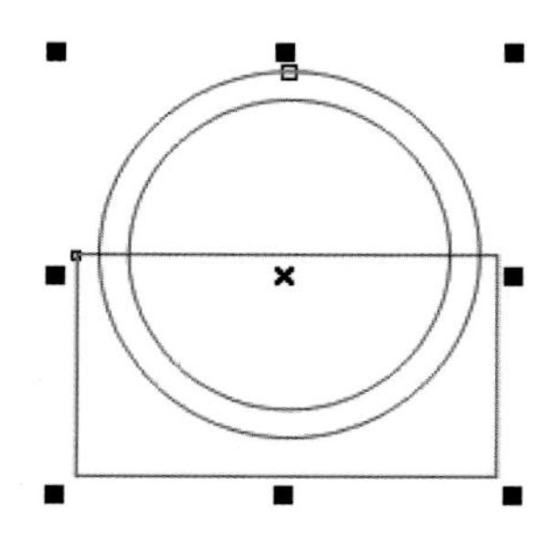

图 2-60 矩形放置于环形的水平位置

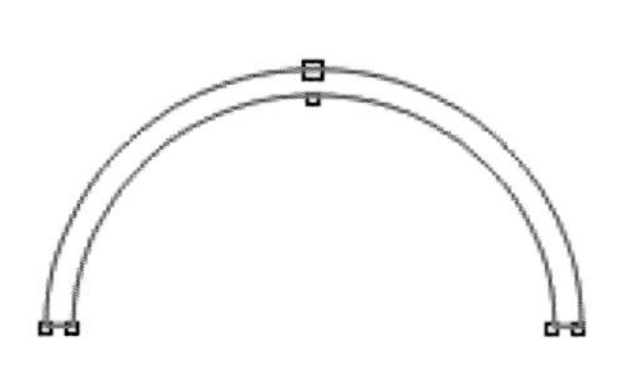

图2-61 一个半环形

e. 用“选择工具”选择半环形，复制粘贴出多个半环形，分别调整其大小，绘制出彩虹。用“选择工具”同时选中半环形，打开菜单栏中的“排列”→“对齐与分布”，在“对齐面板”中分别点选“垂直居中对齐”“底端对齐”，如图 2-62 所示。由外至内，分别均匀填充颜色（C:20，M:80，Y:0，K:0；C:20，M:0，Y:60，K:0；C:0，M:0，Y:60，K:0；C:2，M:49，Y:90，K:0；C:0，M:100，Y:100，K:0），单击“确定”。删除轮廓线，将绘制的彩虹放置于草地的后面，如图 2-63 所示。

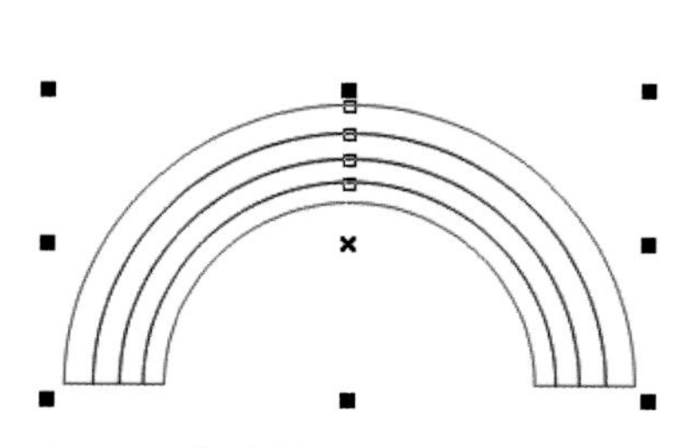

图2-62 绘制彩虹

图2-63 彩虹效果图

f. 用椭圆形工具绘制四个大小不一的椭圆形，将这四个椭圆形组合成云朵的外形。用“选择工具”选取全部椭圆形，在属性栏中选择“合并”，如图 2-64 所示。单击“填充工具”，打开“渐变填充对话框”，选择“类型”为辐射，设置中心位移“水平”为 0，“垂直”为 −6，“边界”为 4，“颜色调和”勾选双色，设置颜色为“从（F）”（C:0，M:0，Y:0，K:10）“到（O）”（C:0，M:0，Y:0，K:0），“中点（M）”为 40，单击“确定”按钮。删除轮廓线，此时“云朵”绘制如图 2-65 所示。

g. 用“选择工具” 选取云朵，在标准工具栏中选择“复制” ，再选择“粘贴” ，得到另外两个云朵，分别调整其大小。天空中的白云就绘制完成，如图 2-66 所示。

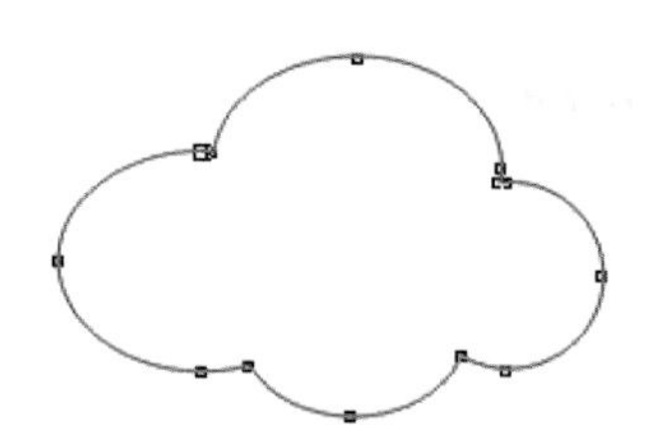

图2-64　绘制云朵

图2-65　填充渐变色

图2-66　云朵效果图

③绘制其他元素。

a. 用“贝塞尔工具” 绘制花朵外形（图 2-67）。用“选择工具” 选中花瓣，打开“渐变填充”对话框，选择“类型”为辐射，设置中心位移“水平”为 -12，“垂直”为 -11，“边界”为 0，“颜色调和”勾选双色，设置颜色为“从（F）”（C:4，M:85，Y:71，K:0）“到（O）”（C:2，M:23，Y:56，K:0），“中点（M）”为 43，单击“确定”按钮，效果如图 2-68 所示。

b. 用“选择工具” 选中其他花瓣，打开“渐变填充对话框” ，选择“类型”为线性，设置“角度”为 -90，“边界”为 0，“颜色调和”勾选双色，设置颜色为“从（F）”（C:1，M:80，Y:63，K:0）“到（O）”（C:1，M:42，Y:96，K:0），“中点（M）”为 50，单击“确定”，效果如图 2-69 所示。用“选择工具” 选中花心，填充颜色（C:0，M:100，Y:60，K:0），效果如图 2-70 所示。

图2-67　绘制花朵

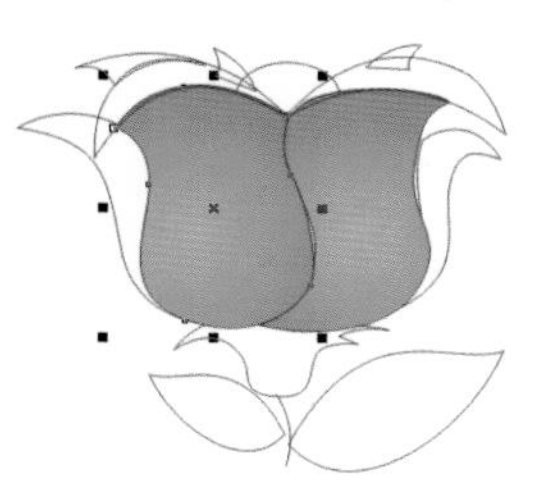

图2-68　填充花瓣

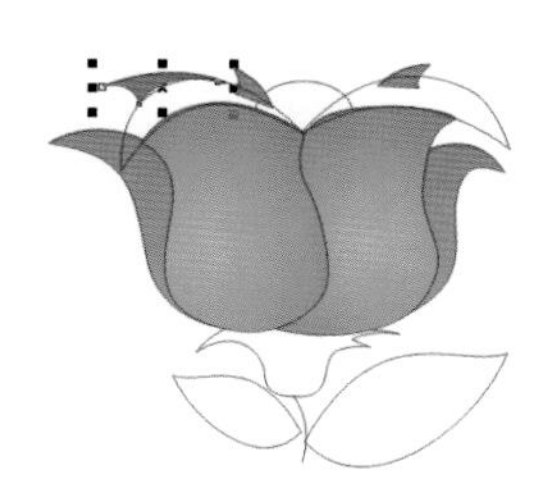

图2-69　填充花瓣

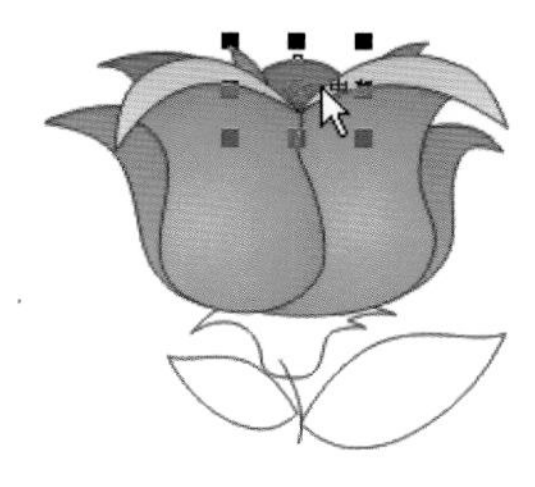

图2-70　填充花心

c. 用“选择工具” 选中枝叶，打开“渐变填充对话框” ，选择“类型”为线性，设置“角度”为 -90，“边界”为 0，“颜色调和”勾选双色，设置颜色为“从（F）”（C:36，M:0，Y:94，K:0）“到（O）”（C:83，M:18，Y:95，K:0），“中点（M）”为 50，单击“确定”按钮。选中花朵删除边框线，效果如图 2-71 所示。

d. 用上述方法绘制另两朵花，并将花朵放置于如图 2-72 所示位置。

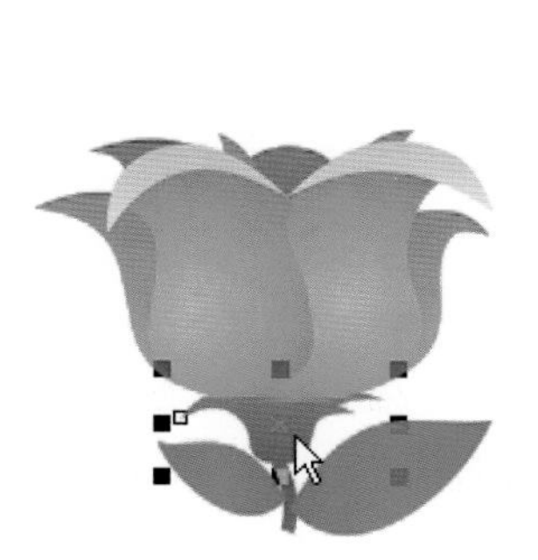

图2-71　填充枝叶

图2-72　排列花朵

e. 选择“椭圆形工具” 绘制小熊气球的头部。打开“渐变填充对话框” ，选择“类型”为辐射，设置中心位移“水平”为 1，“垂直”为 27，“边界”为 0，“颜色调和”勾选双色，设置颜色为“从（F）”

（C:0，M:20，Y:100，K:10）“到（O）”（C:0，M:0，Y:20，K:0），“中点（M）”为 44，单击“确定”按钮。用椭圆形工具绘制两个半圆形作为小熊的耳朵，用“贝塞尔工具” 绘制出头部下的三角形，打开“渐变填充对话框” ，选择“类型”为线性，设置“角度”为 -87，“边界”为 2，“颜色调和”勾选双色，设置颜色为“从（F）”（C:0，M:20，Y:100，K:0）“到（O）”（C:0，M:0，Y:60，K:0），“中点（M）”为 50，单击“确定”按钮，如图 2-73 所示。

f. 用“椭圆形工具”绘制小熊的耳朵，填充颜色（C:0，M:33，Y:70，K:0）；绘制小熊的脸，填充颜色（C:0，M:0，Y:20，K:0）；绘制小熊的眼睛和鼻子，填充颜色（C:0，M:0，Y:0，K:100）。用“贝塞尔工具” 绘制出小熊的嘴巴和线绳，单击“轮廓笔工具” ，打开轮廓笔面板，设置轮廓颜色为黑色，宽度为 0.35 mm，单击“确定”按钮。除小熊的嘴巴和线绳外，用“选择工具” 将小熊图形全部选取，然后用鼠标右键单击工作页面右方调色板上方的图标 ☒ 删除轮廓线。此时“小熊头像气球”绘制如图 2-74 所示。

g. 用上述方法绘制“熊猫头像气球”“兔子头像气球”。绘制效果如图 2-75、图 2-76 所示。

h. 将绘制好的动物头像气球放置于插画中的适当位置，如图 2-77 所示。

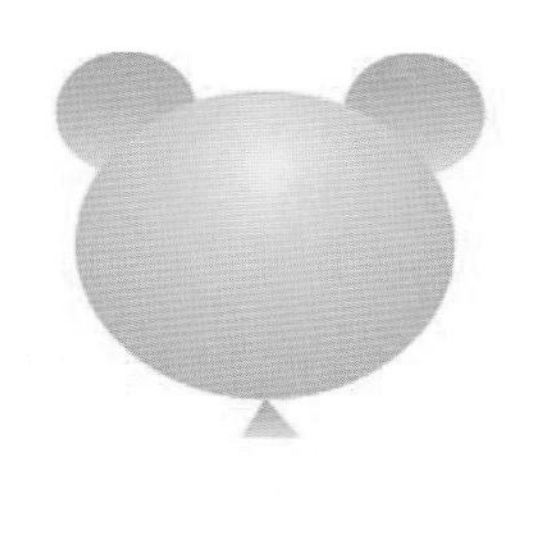

图2-73　小熊外形

图2-74　小熊头像气球最终效果

图2-75　熊猫头像气球最终效果

图2-76　兔子头像气球最终效果

图2-77　儿童插画效果

（4）案例回顾与总结

本案例主要学习了均匀填充、渐变填充的使用方法，除了使用填充工具外，也将前面所学的手绘工具、去除边框线等知识进行了复习和巩固。对于色彩的搭配运用，我们还要不断提高自身艺术修养和审美情趣，把对色彩的理解和感受融入作品中，这样创作出来的作品才能更吸引人。

版面设计

学习目的

了解CorelDRAW美术字文本和段落文本的功能及使用技巧，掌握文本的编辑操作，学会设置文本格式、段落文本换行、文本转换为曲线、使文本适合路径、使文本适合框架等文字处理技巧，并结合前面所学知识，进行版面设计的学习。

知识重点

1.文本的基本操作
2.设置本文格式
3.段落文本换行
4.文本转换为曲线
5.使文本适合路径
6.使文本适合框架

知识难点

1.图文混排/路径文字
2.对象的操作和管理

P43～60

习题及答案

3.1 版面设计基础知识

版面设计是一种关于编排的学问，即根据特定主题需要将有限的文字、照片、示意图、绘画图形、线条、色块等进行有机排列与组合，将理性思维表现在一个特定的版面空间内。它是具有个人风格和艺术特色的视觉传达方式，是制造和建立有序版面的理想方式，也是世界性的视觉传达的公共语言。作为视觉信息交流的载体，版面设计也越来越强调其科学性、艺术性和文化性，在各个国家、地区、民族之间的信息交流中扮演着重要的角色。

版面设计的第一要素是传递准确信息。同时，版面设计也要有艺术表现力，美的形式原理是规范版面形式美感的基本法则。版面设计的范围，涉及报纸、刊物、书籍、画册、产品样本、挂历、招贴画、唱片封套和网页页面等平面设计的各个领域，如图3-1所示。

图3-1　折页版面设计

版面设计不同于字体设计或是图形创意，它要求设计者必须具备很强的综合素质：有一定的图形处理和编排软件的操作技能；能通过研究客户需求，收集与其版面主题内容相符的文字、图形、图像；具备基本版面语言的处理能力和掌握一定的印刷输出实践知识；具备一定的文化艺术修养，具备良好的审美鉴赏能力。图3-2为杂志内页版面设计。

版面设计的基本类型分为骨骼型、满版型、上下分割型、左右分割型、中轴型、曲线型、倾斜型、对称型、重心型、三角型、并置型、自由型和四角型等，如图3-3所示。

图3-2 杂志内页版面设计

图3-3 版式设计的基本类型

版面设计的原则：让观看者在享受美感的同时，接受作者想要传达的信息。

一是主题鲜明突出。版面设计的最终目的是使版面产生清晰的条理性，用悦目的组织形式来更好地突出主题，达到最佳效果。按照主从关系的顺序，使放大的主体形象成为视觉中心，以此表达主题思想。将文案中的多种信息进行整体编排设计，有助于主体形象的建立。在主体形象四周增加空白量，使被强调的主体形象更加鲜明突出。

二是形式与内容统一。版面设计所追求的完美形式必须符合主题的思想内容，通过美观、新颖的形式来表达主题。

三是强化整体布局。将版面的各种编排要素在编排结构及色彩上进行整体设计，加强整体结构组织和方向的视觉秩序，如水平结构、垂直结构、斜向结构、曲线结构。加强文案的集合性，将文案中的多种信息合成块状，使版面具有条理性。

3.2 文本及对象操作

3.2.1 文本的处理

（1）美术字文本的输入

美术字实际上是指单个文字对象。由于它作为一个单独的图形对象来使用，因此可以使用各种处理图形的方法对其进行编辑处理。使用键盘输入是添加美术字最常用的操作之一，操作步骤如下。

①在工具箱中，选中 “文本工具” 字 或按快捷键F8。

②在绘图页面中适当的位置单击鼠标，就会出现闪动的插入光标。

③通过键盘直接输入美术字，如图3-4所示。

在输入美术字时，可以方便地设置输入文本的相关属性。使用“选取工具”选定已输入的文本，即可看到文本工具的属性栏，如图3-5所示。

图3-4　输入美术字

图3-5　文本工具属性栏

文本工具属性栏的设置选项非常简单，与常用的字体处理软件中的格式设置选项类似。使用“形状工具” 选中文本时，文本处于节点编辑状态，每一个字符左下角的空心矩形框（选中时为实心矩形）为该字符的节点。拖动字符节点，即可移动该字符，如图3-6所示。

图3-6　改变文字位置

（2）段落文本

段落文本是建立在美术字模式基础上的大块区域的文本。对段落文本可以使用CorelDRAW所具备的编辑排版功能来处理。添加段落文本的操作步骤如下。

①在工具箱中选定“文本工具” 字 。

②在绘图页面中适当位置按住鼠标左键后拖动，就会画出一个虚线矩形框和闪动的插入光标，如图3-7所示。

③在虚线框中可直接输入段落文本，如图3-8所示。

（3）设置文本格式

①首字下沉。

设置首字“下沉按钮”，可以使选定的段落文本的首行的第一个字符放大并下沉，如图3-9所示。

图3-7　段落文本框

版面设计是一种关于编排的学问，即根据特定主题需要将有限的文字、照片、示意图、绘画图形、线条、色块等进行有机的排列与组合，将理性思维表现在一个特定的版面空间内。

图3-8　输入文字的段落文本框

版面设计是一种关于编排的学问，即根据特定主题需要将有限的文字、照片、示意图、绘画图形、线条、色块等进行有机的排列与组合，将理性思维表现在一个特定的版面空间内。

图3-9　设置首字下沉

②栏。

选择将要修改的文字，单击鼠标右键，选择“文本格式”命令，在“格式化文本”对话框中选择“栏”选项卡，可在此对话框中对文本的栏数、栏宽、栏间距宽度的参数进行调整，如图3-10所示。

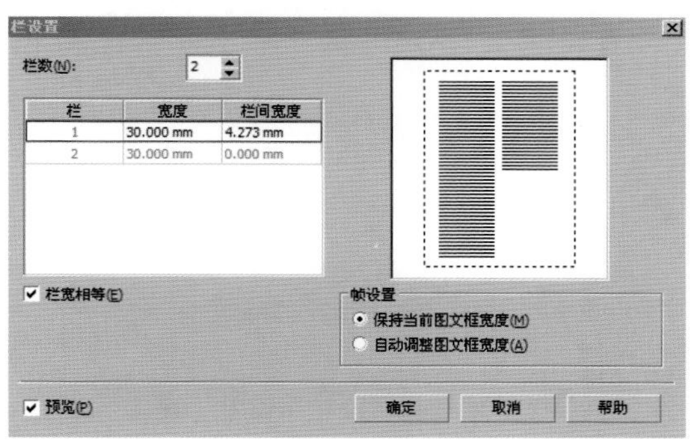

版面设计是一种关于编排的学问，即根据特定主题需要将有限的文字、照片、示意图、绘画图形、线条、色块等进行有机的排列与组合，将理性思维表现在一个特定的版面空间内。

图3-10　栏的设置

（4）段落文本换行

①字符。

在编排杂志和报刊时，经常会使用到“文本工具”的“段落文本换行”命令。操作方法如下：单击工具箱中的“文本工具”按钮，在页面中输入段落文本，单击工具箱中的“多边形工具”按钮，选择“星形工具”按钮，在段落文本上绘制一个星形图案，如图3-11所示。

选中绘制好的星形图案，可为其填充任意一种颜色，此时图形会将下方的段落文本遮住，如图3-12所示。

在星形图案上单击鼠标右键，可弹出快捷菜单，选择“段落文本换行”命令，可以使段落文本围绕图形排列，如图3-13所示。

②轮廓的绕图。

在段落文本绕图排列后，可在“多边形属性”中单击“段落文本换行”按钮右下角的三角形，弹出段落文本换行样式面板，如图3-14所示。

从“轮廓图”选项栏中选择“文本从左向右排列”，并单击“确定”按钮，效果如图3-15所示。从“轮廓图”选项栏中选择“文本从右向左排列”，并单击“确定”按钮，效果如图3-16所示。

图3-11　绘制星形图案

图3-12　绘制好的星形填充图案

图3-13　段落文本围绕图形排列

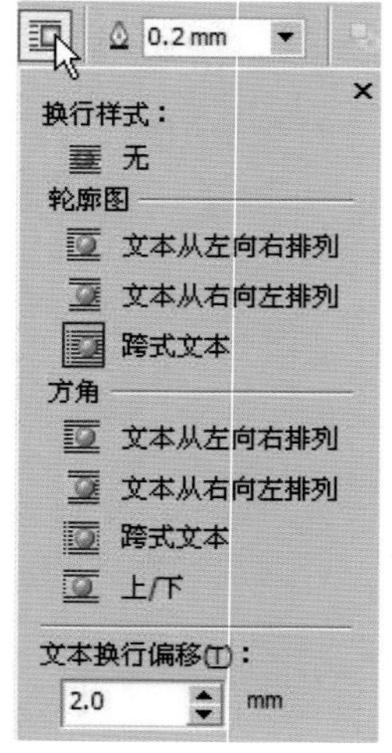

图3-14　段落文本换行样式面板

图3-15　文本的左绕图效果

图3-16　文本的右绕图效果

③方形。

在图3-14所示的面板中，从“方角”选项栏中选择“文本从左向右排列”，并单击“确定”按钮，效果如图3-17所示；从“方角”选项栏中选择“文本从右向左排列”，并单击“确定”按钮，效果如图3-18所示；从“方角”选项栏中选择“跨式文本”，并单击“确定”按钮，效果如图3-19所示。

图3-17　文本的方角左绕图效果

图3-18　文本的方角右绕图效果

图3-19　文本的方角跨式效果

（5）文本转换为曲线

使用文本工具在页面中输入任意文字，可以改变文本的字体、字号等属性，但有时文本的一些固有属性限制了编辑操作，需要将文本转换为曲线，以进行更多的操作。通常的方法是在文本或文本框上单击鼠标右键，从弹出的快捷菜单中执行“转换为曲线”命令。

①输入文本，单击工具栏中的“文本工具”，在页面中输入美术字文本。

②选中美术字文本，在“排列”菜单中执行“转换为曲线”命令，可将文本转换为曲线。

③在“排列”菜单中执行“打散曲线”命令，可将文本转换为多个闭合曲线。

④编辑曲线，将部分曲线选中并填充颜色，最终效果如图3-20所示。

（6）使文字适合路径

任何图形均可作为文本的路径，“使文本适合路径”功能可以使创建好的文本借助图形灵活地应用到路径中，从而得到较为理想的文字排列效果。

①输入文本。在页面中使用“文本工具”输入数字“7”。

②将文本转换为曲线。在数字“7”上单击鼠标右键，在弹出的快捷菜单中执行“转换为曲线”命令。

③将转化后的效果去掉填充色。在调色盘上单击“无填充色”，在页面空白区域输入另一个段落文本，效果如图3-21所示。

图3-20　使用交互式封套工具　　　　图3-21　段落文本与图形

④使文字适合路径。将图形与段落文本两者同时选中，在“文本”菜单中执行“使文本适合路径”命令，则所有文字将随图形路径排列，效果如图3-22所示。

（7）使文本合适框架

使段落文本适合框架，可以直接改变段落文本的字号，但最快捷的方式是执行“文本”下拉菜单中的“按文本框显示文本”命令。在多边形、矩形、椭圆形以及封闭的曲线中，都可以将输入的文本适合到这些图形的框架内部。

①在框架内输入文本。使用“文本工具”在图形边框的内侧单击鼠标左键，待出现闪烁的光标后输入文字。

②执行“文本”下拉菜单中的“段落文本框”→“使文本适合框架”命令，此时文字字号会自动相应改变，直到填充满整个框架。

③去掉所有边框。设置图形为无轮廓边框，选择“挑选工具”，单击边框，选中边框，按Delete键删除即可，效果如图3-23所示。

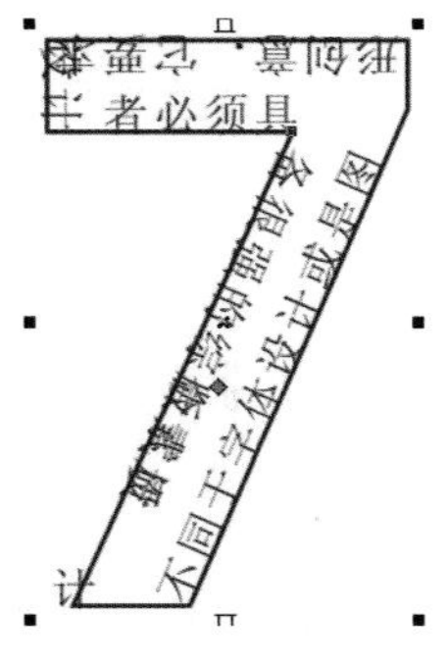

图3-22　文本适合路径

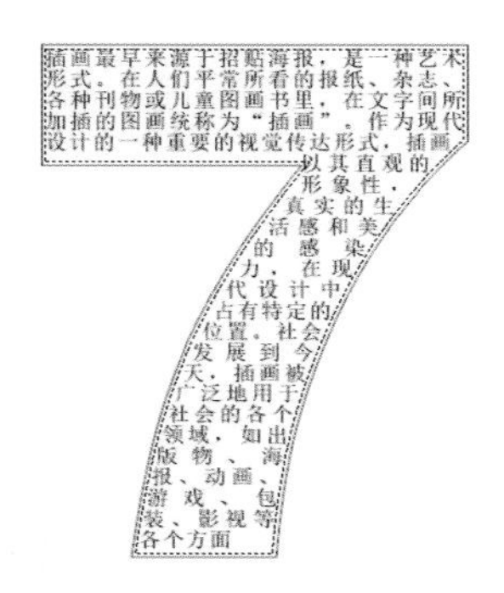

图3-23　应用图样透明的效果

3.2.2 对象的操作和管理

对象的造型包括“焊接”“修剪”“相交”“简化”“前剪后”“后剪前”等命令，通过对象造型命令的操作，可以将原来的两个或者两个以上的图形变成一个新的图形，从而丰富图形的编辑操作。通过属性栏当中的造型栏或者菜单栏“排列”“修整”的子菜单可以进行造型操作。其子菜单当中的很多命令必须在选取两个以上的图形后才被激活，否则显示灰色状态。

（1）焊接对象

利用属性栏中的图标 进行焊接操作，可以将两个图形结合为一个新的图形。选择需要焊接的两个图形，如图3-24所示，点选属性栏中的图标 ，即可完成焊接操作，如图3-25所示。

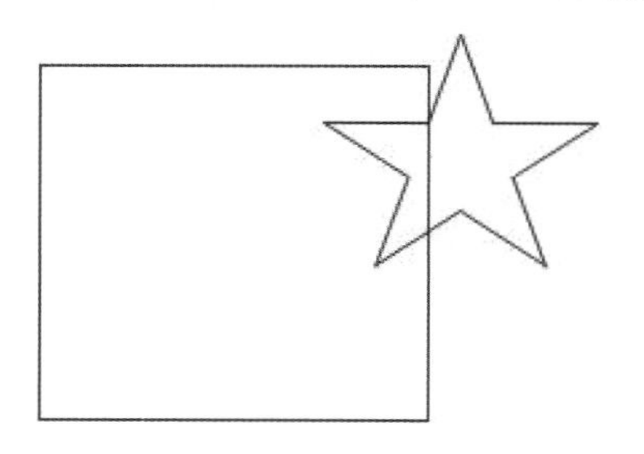

图3-24 选择图形

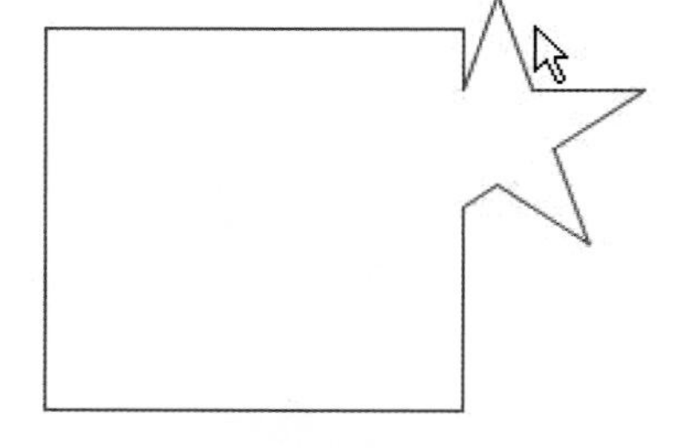

图3-25 焊接后的新图形

（2）修剪对象

选择需要修剪的两个图形，如图3-26所示，点选属性栏当中的“修剪” ，即可完成操作，如图3-27所示。

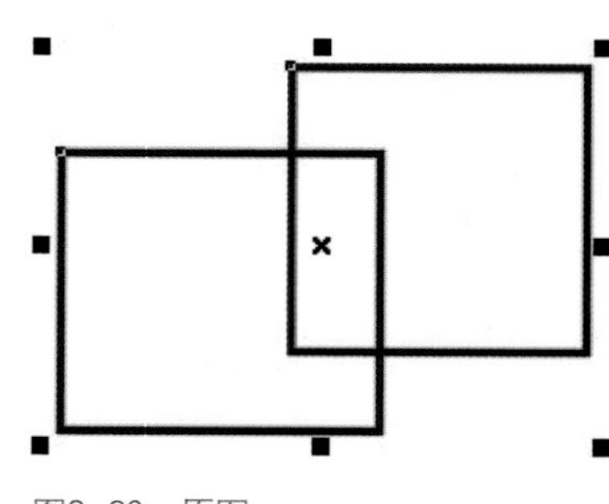

图3-26 原图

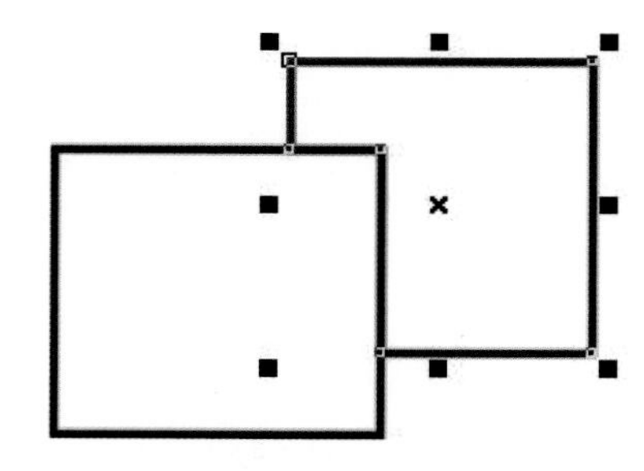

图3-27 修剪后的效果

（3）相交对象

选取两个或两个以上的重叠图形，单击“相交” ，可以将图形重叠的部分创建为一个新的图形。同“修剪”命令相同，重叠部分的新图形的属性，取决于目标对象，如图3-28所示。

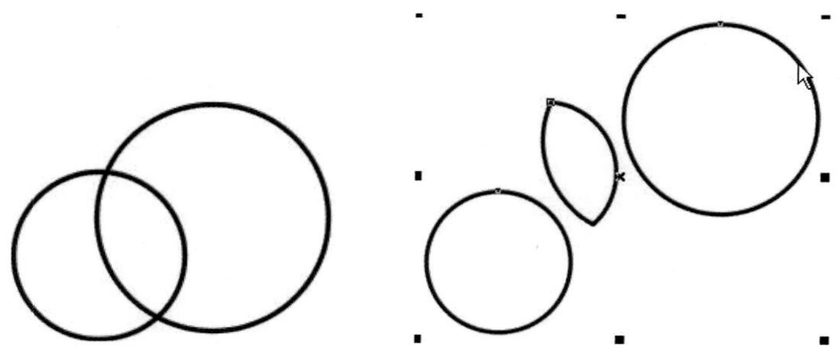

图3-28 相交

（4）简化对象

选取重叠的两个或两个以上的图形，单击属性栏中的“简化” ，可以将相互重叠的部分进行删减，形成新的图形，而最前面的图形属性则不改变，如图3-29所示。

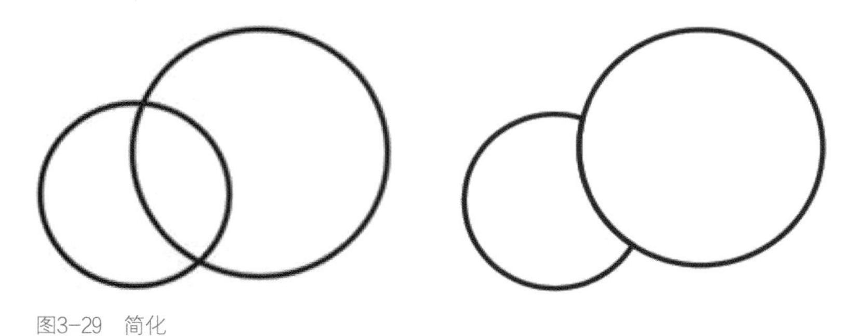

图3-29　简化

（5）前剪后

“前剪后”命令类似于“简化”命令，需要重叠两个或两个以上的图形才能进行该项操作。选取重叠的两个图形，单击属性栏中的“前剪后” ，即可完成“前剪后”操作，得到一个新的图形，如图3-30所示。

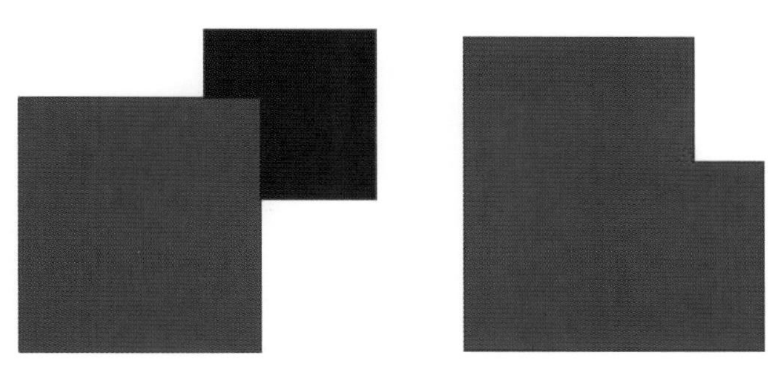

图3-30　前剪后

（6）后剪前

“后剪前”同“前剪后”的操作相同，只是得到的结果不同，如图3-31所示。

图3-31　后剪前

3.3 项目实训案例

3.3.1 案例1：书籍封面设计

（1）设计思路

封面设计在一本书的整体设计中有着举足轻重的地位。读者对图书的第一印象就来源于封面。封面是一本书的脸面，是一位不说话的推销员。好的封面设计不仅能招徕读者，使其一见钟情，而且耐人寻味，使人爱不释手。封面设计的优劣对书籍的社会形象有着非常重大的意义。封面设计一般包括书名、编著者名、出版社名等文字，以及体现书的内容、性质、体裁的装饰形象、色彩和构图。

（2）技术剖析

运用CorelDRAW软件中的文字工具和位图操作，设计如图3-32所示的书籍封面。书籍封面在制作时运用了图形设计和文字排版，以及运用了插入条码命令。

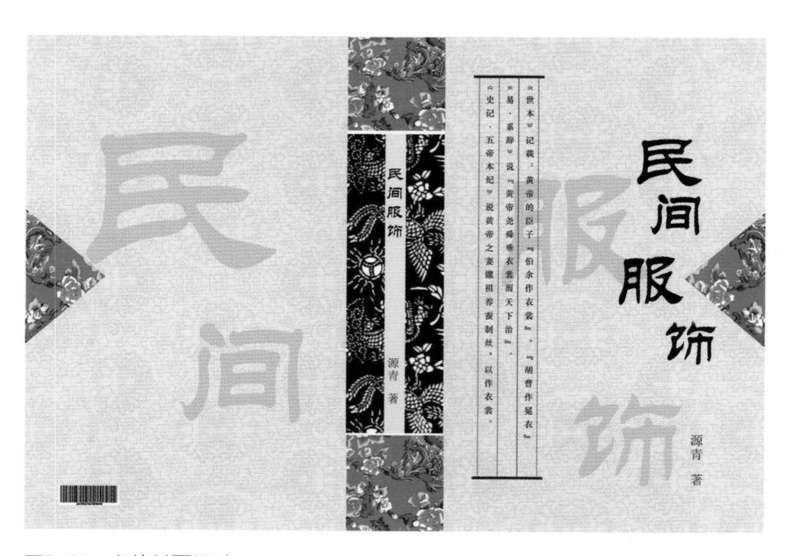

图3-32　书籍封面设计

（3）制作步骤

①书籍封面图形设计。

a.建立大小为350 mm×240 mm的文件，在文件中建立辅助线，如图3-33所示。

b.导入“素材1”底纹图片，调整至合适大小，放置在书籍封面右侧，复制该图片素材，放置在书籍封底左侧，如图3-34所示。

c.导入“素材2”花布图片，调整至合适大小，放置在书籍封面中偏上部分，复制该图片素材，放置

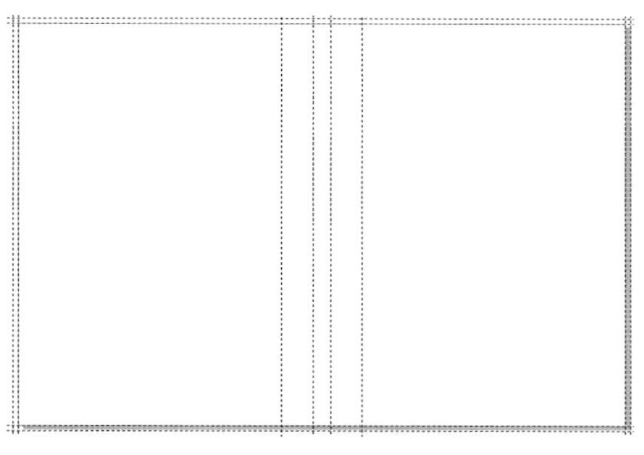

图3-33　新建文件

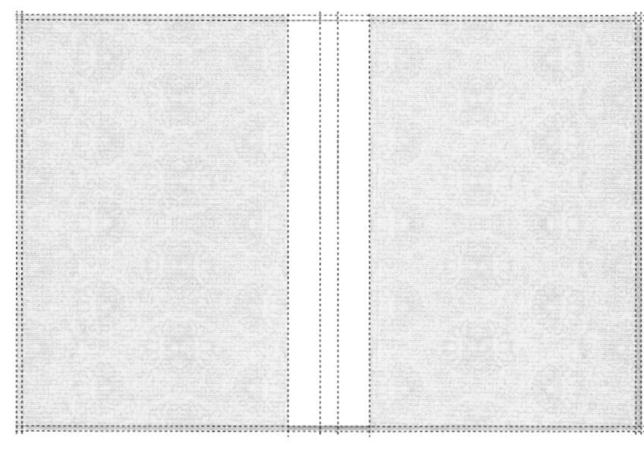

图3-34　导入底纹图片

在书籍封面中偏下部分，如图3-35所示。复制花布图片素材，用"形状工具" 拖动图片节点，将其调整成三角形，如图3-36所示，分别放置在封底左侧、封面右侧，效果如图3-37所示。

d.导入"素材3"青花图片，用"形状工具" 拖动图片右侧上下两个节点，调整至合适大小，放置在书脊右侧，复制该图片素材，用"形状工具" 拖动图片节点调整图片花纹细节，放置在书脊左侧，书籍封面图形设计就制作好了，效果如图3-38所示。

图3-35　导入花布图片

图3-36　花布图片调整

图3-37　花布图片效果

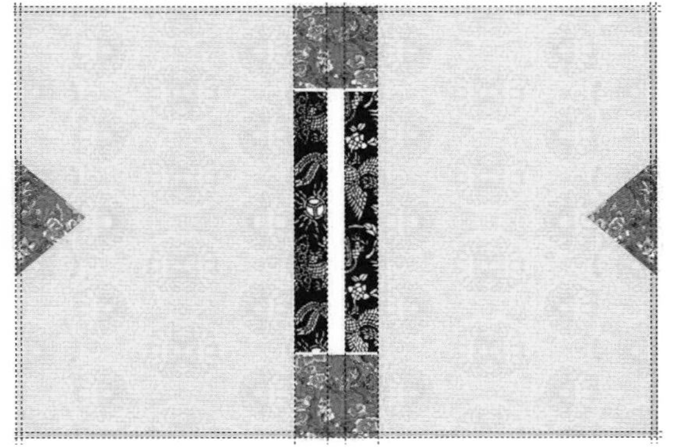

图3-38　导入青花图片

②书籍封面文字排版。

a.用"文本工具" 字 输入书籍名称，单击"竖向文字输入" ，文字大小为100，字体为华文隶书，选择"填充" ，设置颜色为黑（C:0，M:0，Y:0，K:100），使用"形状工具" 拖动文字节点，分别调整每一个文字的位置及大小，效果如图3-39所示。

b.复制书籍名称，单击鼠标右键选择 转换为曲线(V) Ctrl+Q ，将文字转换成曲线，选择“排列”→“拆分曲线”（图3-40），将文字打散，出现文字中间黑色部分，如图3-41所示。框选文字图形中间黑色部分，选择“排列”→“造形”→“修剪”，再单击文字图形，中间黑色部分就被修剪掉了，如图3-42所示。用同样的方法处理文字中间黑色部分。

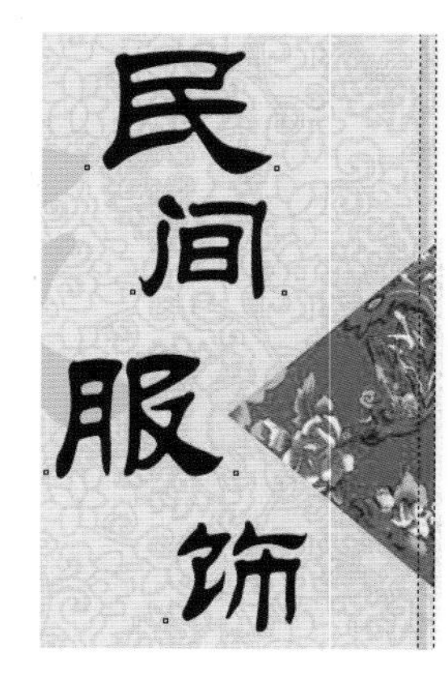

图3-39 输入书籍名称

图3-40 拆分曲线

图3-41 拆分文字效果

c.选择文字图形，填充颜色（C:0，M:10，Y:30，K:10），如图3-43所示。将每一个文字图形分别群组，调整至合适大小放置于背景图片中，并调整图层顺序，将其置于文字标题下方，如图3-44所示。

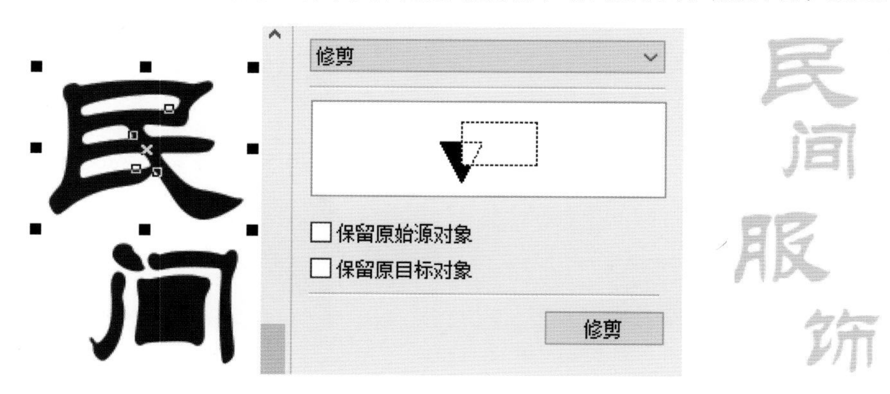

图3-42 修剪文字中间黑色部分

图3-43 文字颜色填充

d.选择“矩形工具”，在封面上绘制两条横向的矩形线条，填充颜色为暗红色（C:61，M:94，Y:95，K:22），再选择“手绘工具”绘制四条竖向线条，打开“轮廓笔”对话框设置宽度为0.2 mm，颜色为暗红色（C:61，M:94，Y:95，K:22），效果如图3-45所示。用“文本工具”字，输入竖向文字，文字大小为12，字体为华文中宋，选择“填充”，设置颜色（C:61，M:94，Y:95，K:22），效果如图3-46所示。

e.选择“矩形工具”，在书脊中间绘制一个矩形，并填充颜色（C:0，M:5，Y:30，K:0）。用“文本工具”字，在书脊处输入竖向文字名称，文字大小为24，字体为华文隶书；输入竖向作者名称，文字大小为16，字体为宋体，选择“填充”，设置颜色为黑色（C:0，M:0，Y:0，K:100）；复制作者名称，文字大小为18，放置于封面右下角处，效果如图3-47所示。

f.在“编辑”菜单中选择“插入条形码”命令，弹出对话框并输入（图3-48），效果如图3-49所示。

g.书籍封面设计最终效果如图3-50所示。

图3-44　文字背景效果

图3-45　绘制文本框图形

图3-46　输入文字

图3-47　书籍封面文字排版

图3-48　条形码对话框

图3-49　添加条形码

图3-50　最终效果

（4）案例回顾与总结

本案例主要运用了CorelDRAW软件中的“文字工具”“位图操作”的相关知识和应用来进行封面的统一设计。在设计此类内容时我们应该注意：了解封面设计的规格及一般编排方式；通过自己的阅读、理解，加深对自己所要装帧对象的内容、性质、特点和读者等的理解。

3.3.2 案例2：手机宣传折页设计

（1）设计思路

宣传折页能有效地提升企业形象，更好地展示企业产品和服务，说明产品的功能、用途、使用方法以及特点。该案例是一个手机宣传折页封面、封底设计，通过图形绘制、标志及文字编排而成的一个版面效果。

（2）技术剖析

运用CorelDRAW X6软件中的“贝塞尔工具”和“文字工具”制作手机宣传折页。完成该宣传页的绘制首先需要设计背景，使用“贝塞尔工具”“圆角矩形”“高斯模糊”工具绘制手机人物效果，再用“线条绘制工具”和“贝塞尔工具”绘制广告语的图形组合，结合“文字工具”，最终完成该设计（图3-51）。

图3-51　手机宣传折页

（3）制作步骤

①设计宣传页背景。

a.启动CorelDRAW X6后，新建一个文档，并以“手机宣传页”为文件名保存。

b.选择“矩形工具”，绘制出两个95 mm×210 mm的矩形，用“选择工具”选取左边矩形，填充颜色（C:0，M:60，Y:100，K:0）。用“选择工具”选取右边矩形，打开“渐变填充对话框”，选择“类型”为辐射，设置中心位移“水平”为0，“垂直”为0，“边界”为0，“颜色调和”勾选双色，设置颜色“从（F）”（C:0，M:0，Y:60，K:0）“到（O）”（C:0，M:0，Y:20，K:0），“中点（M）”为50，单击“确定”按钮。删除矩形边框线，效果如图3-52所示。

c.选择“手绘工具”绘制两个三角形，分别设计在封面右上角和左下角，填充颜色（C:0，M:60，Y:100，K:0）。选择“矩形工具”，在属性栏中设置矩形边角圆滑度 2.0 mm 2.0 mm 2.0 mm 2.0 mm，绘制出一个13 mm×15 mm的矩形，填充颜色（C:0，M:60，Y:100，K:0）。选中绘制的圆角矩形，按住Ctrl键向右拖动的同时点击右键，水平向右移动并复制圆角矩形，执行“再制”命令（Ctrl+D键）即可再制对象，一共复制4个，效果如图3-53所示。

图3-52　宣传册底色

图3-53　绘制三角形、圆角矩形效果

在CorelDRAW X6中，“再制”与“复制”是两个不同的概念。虽然都是对选择对象进行复制，但执行“复制”命令只是将对象放在剪贴板中，必须再执行“粘贴”命令才能复制出对象。执行“再制”命令则将两个步骤合并，按“Ctrl+D”键即可再制对象。按小键盘上的“+键”则可在原位置再制选择对象。

②手机人物的绘制。

a.把人物的身体设计成手机。选择“矩形工具”，在属性栏中设置矩形边角圆滑度 1.0 mm 1.0 mm 1.0 mm 1.0 mm，绘制出一个7 mm×10.5 mm的圆角矩形作为手机轮廓，填充颜色（C:0，M:0，Y:0，K:100）。再绘制一个圆角矩形为手机屏幕，在属性栏中设置矩形边角圆滑度 .8 mm .8 mm .8 mm .8 mm，绘制出一个5.5 mm×8 mm的矩形，填充颜色（C:0，M:0，Y:0，K:20）。效果如图3-54所示。

选择“手绘工具”及“椭圆形工具”绘制“WO”的标志，如图3-55所示。再用“文字工具”字完成“WO”标志文字的设计，并将标志放置在屏幕中央。用“椭圆形工具”绘制一个正圆作为手机按钮，手机效果就制作好了，如图3-56所示。

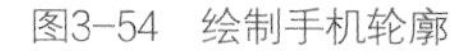

图3-54　绘制手机轮廓

图3-55　标志

图3-56　手机效果

b.绘制人物头部。用“椭圆形工具”绘制一个正圆作为人物头部，填充颜色（C:20，M:20，Y:0，K:0）。再绘制两个小圆作为人物的眼睛，填充颜色为白色。选择“贝塞尔工具”，分别来绘制人物的嘴巴、头巾及头发，绘制完曲线后，通过调整控制点，可以调节直线和曲线的形状。为人物的嘴巴填充黑色，为人物的头巾填充颜色（C:0，M:60，Y:100，K:0），为人物的头发填充颜色（C:0，M:20，Y:20，K:60），效果如图3-57所示。

c.手和滑板绘制。选择“矩形工具”，在属性栏中设置矩形边角圆滑度，绘制出一个1.5 mm×7 mm的圆角矩形作为手臂，填充颜色（C:44，M:32，Y:71，K:1）。再用“矩形工具”，在属性栏中设置矩形边角圆滑度，绘制出一个10 mm×3 mm的圆角矩形为滑板轮廓，填充黑色。选择“贝塞尔工具”绘制滑板上的花纹，再将手臂转换成曲线，用“形状工具”对齐进行调整。手和滑板效果如图3-58所示。

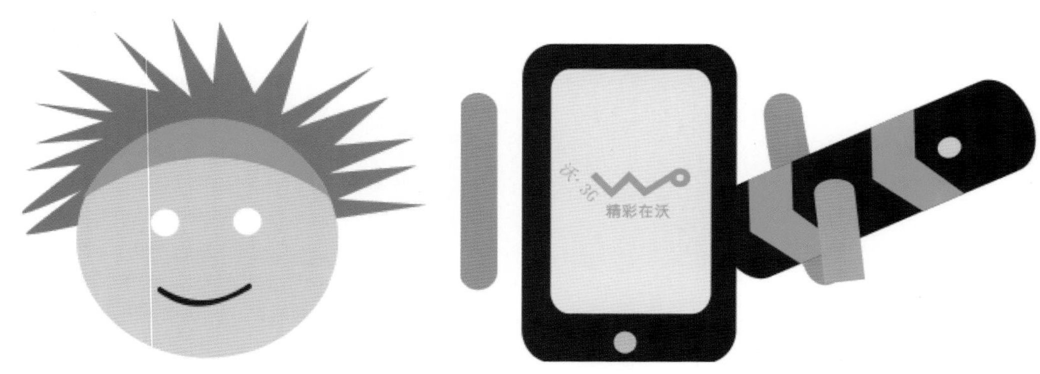

图3-57　人物头部绘制　　　图3-58　手和滑板的绘制

d.腿和鞋的绘制。选择“矩形工具”，绘制出一个1 mm×6.5 mm的矩形作为腿，填充颜色（C:44，M:32，Y:71，K:1）。再用“矩形工具”“贝塞尔工具”以及“椭圆形工具”绘制人物的鞋子，效果如图3-59所示。

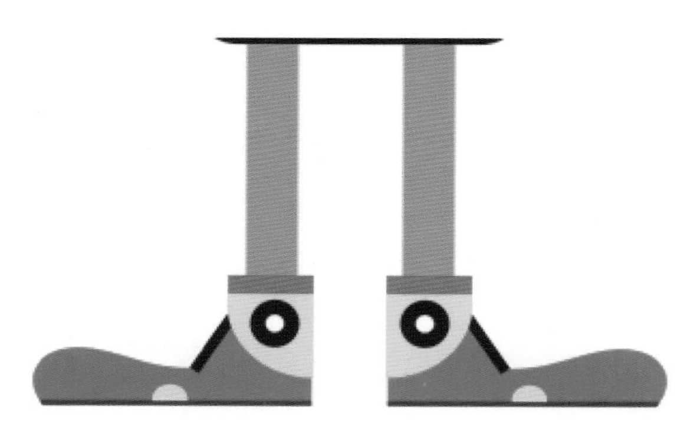

图3-59　腿和鞋的绘制

e.绘制人物阴影。用“椭圆形工具”绘制一个12 mm×2.5 mm的椭圆，填充颜色（C:0，M:0，Y:0，K:50），去掉轮廓。单击椭圆，将椭圆转换成位图，执行“位图”→“模糊”→“高斯模糊”命令，设置半径为2.5像素（图3-60），制作模糊阴影效果，如图3-61所示。

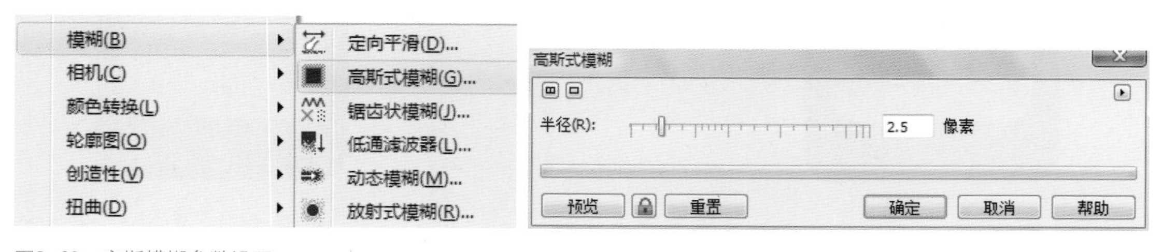

图3-60　高斯模糊参数设置

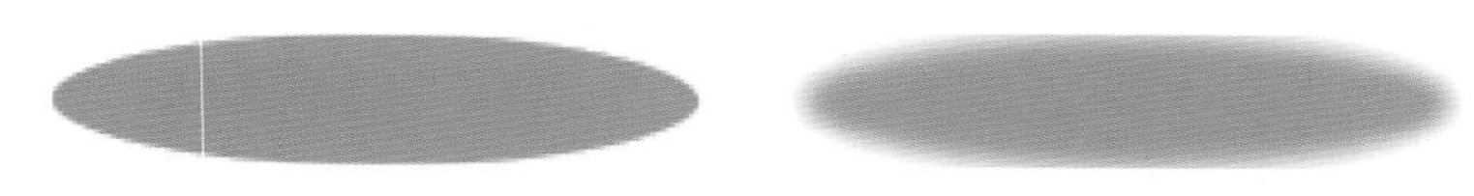

图3-61　阴影模糊前后效果

f.整个人物效果就绘制好了，然后用同样的方法绘制其他4个小人，效果如图3-62所示。将其放置在封面中部位置。

图3-62　手机人物绘制效果

③广告语的绘制。

a.选择“文本工具”，设置字体为华文中宋，分别输入广告语，调整文字大小并进行文字编排。为“跟沃一起”文字填充颜色（C:0，M:60，Y:100，K:0），为“轻松享3G”文字填充颜色（C:100，M:0，Y:0，K:0），轮廓颜色均设置为白色，宽度为0.5 mm。为“更多选择”文字填充颜色（C:0，M:60，Y:100，K:0），删除轮廓。复制所有文字，调整图层顺序到之前设计的文字下方，填充黑色，轮廓颜色均设置为黑色，宽度为5 mm，使其看上去有一个黑色的文字轮廓，效果如图3-63所示。

b.选择“手绘工具”，绘制两个三角形，分别设计在“更多选择”上下方，填充颜色（C:0，M:60，Y:100，K:0），轮廓颜色设置为黑色，宽度为1 mm。选择“贝塞尔工具”绘制手持手机的图形，再用“形状工具”对齐调整。广告语文字图形组合效果如图3-64所示。将其放置在封面上方。

图3-63　广告语文字效果

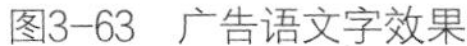

图3-64　广告语组合效果

④标志及文字排版。

打开标志素材，填充白色，并调整至合适大小，编排在封面左下角三角形中；复制一个标志，调整至合适大小，编排在封底中心处。将之前设计好的“WO”标志放置于封面右上角三角形中，再将文案、公司名称、电话等信息编排在整个版面中。宣传册最终完成效果如图3-65所示。

图3-65　手机宣传页最终完成效果

（4）案例回顾与总结

本案例主要运用了CorelDRAW软件中的“贝塞尔工具”和“文字工具”的相关知识和应用去设计宣传单。在设计此类内容时应该注意：宣传单的设计主要从设计宣传单的主题、图片、文字等方面进行；设计宣传单的主题要明确，不能脱离宣传主题；设计宣传产品的图片要新颖，使人们对产品有更深入的了解。

VI设计

学习目的

了解CorelDRAW交互式工具组的功能及使用技巧，掌握图框精确剪裁的操作，学会运用调和、轮廓图、变形、阴影、封套、立体化、透明等交互式工具为对象添加特殊效果，结合图框精确剪裁处理图形，并在VI设计项目中灵活运用。

知识重点

1.交互式调和工具
2.交互式轮廓图工具
3.交互式变形工具
4.交互式阴影工具
5.交互式封套工具
6.交互式立体化工具
7.交互式透明工具
8.图框精确剪裁

知识难点

1.交互式调和工具、交互式阴影工具、交互式透明工具
2.图框精确剪裁

P61～95

习题及答案

4.1

VI基础知识

VI（Visual Identity）指视觉识别系统，即以标志、标准字、标准色为核心的一套完整的、系统的视觉表达体系，将企业理念、企业文化、服务内容、企业规范等抽象概念转换为具体符号，塑造出独特的企业形象。在VI设计中，视觉识别设计最具传播力和感染力并具有重要意义，也最容易被公众接受。

VI设计的主要内容包括基础要素和应用系统。

基础要素：标志、标准字体、标准色、吉祥物、象征图形等。基本要素组合应规范，如图4-1所示。

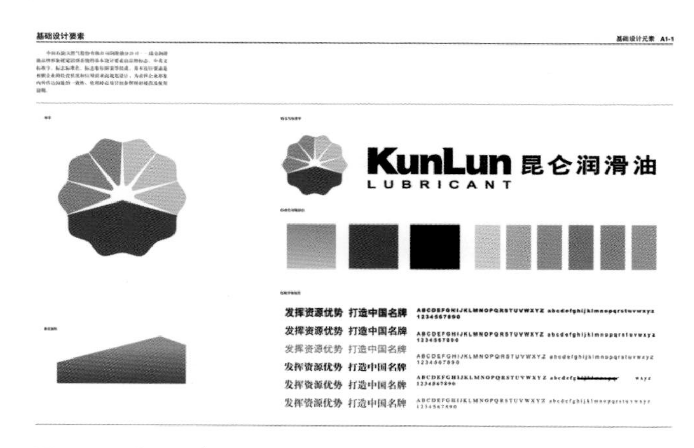

图4-1　VI应用要素

应用系统：办公用品（如文件夹、信纸、名片等）、企业外部建筑环境（如招牌、霓虹灯广告等）、企业内部建筑环境（如部门标识牌、楼层标识牌等）、交通工具外观（如公务车、班车等）、服装服饰（如男女装、T恤等）、广告媒体（如报纸广告、网络广告等）、产品包装（如手提袋、塑料袋包装等）、公务礼品（如雨伞、纪念章等）、陈列展示（如橱窗展示、展览展示等）、印刷品（如企业简介、产品简介等），如图4-2所示。

图4-2　VI应用系统

4.2 交互式工具组

为了最大限度地满足用户的创作需求，CorelDRAW 提供了许多用于为对象添加特殊效果的交互式工具，并将它们归纳在一个工具组中。灵活地运用调和、轮廓图、变形、阴影、封套、立体化、透明等交互式特效工具，可以使自己创作的图形对象异彩纷呈、魅力无穷。

4.2.1 交互式调和工具

调和是矢量图中一个非常重要的功能。使用调和功能，可以在矢量图形对象之间产生形状、颜色、轮廓及尺寸上的平滑变化。使用“交互式调和工具”可以快捷地创建调和效果，“交互式调和工具”属性栏如图4-3所示。

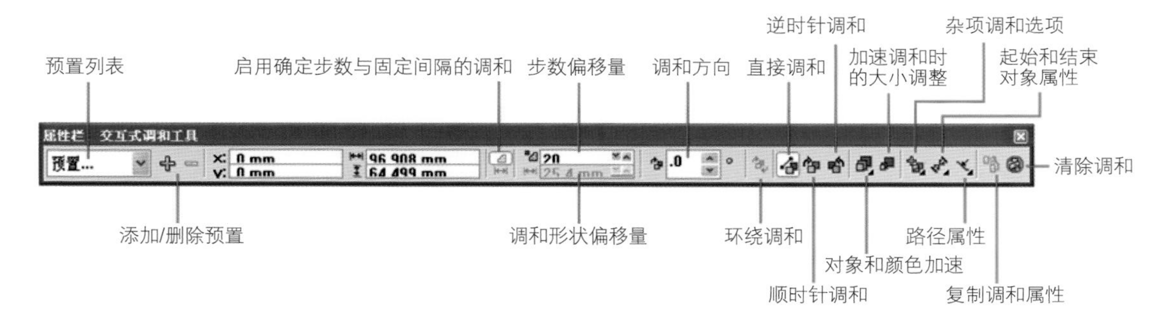

图4-3 “交互式调和工具”属性栏

①先绘制两个用于制作调和效果的对象。

②在工具箱中选定“交互式调和工具” 。

③在调和的起始对象（如五角星）上按住鼠标左键不放，然后拖动到终止对象（如菱形）上，释放鼠标即可，如图4-4所示。

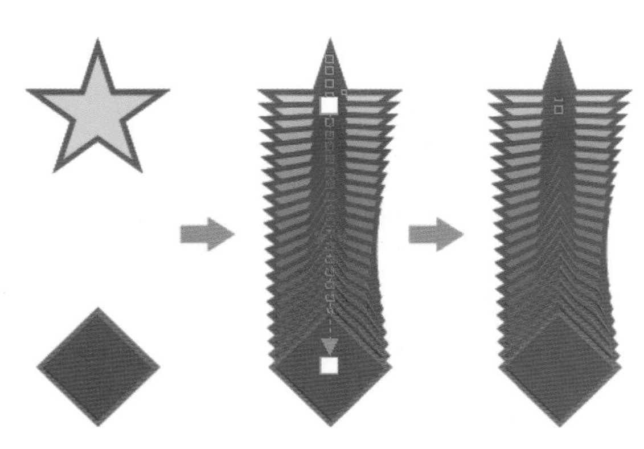

图4-4 使用调和工具后的效果

直线调和：单击“调和工具”，选择一个对象拖动鼠标到另一个对象上，如图4-5所示。

沿路径调和：将对象沿路径进行调和，如图4-6所示。选择“形状工具”对路径进行编辑，从而调整调和效果。使用“交互式调和工具”单击选择调和对象，然后在属性栏中单击“路径属性”按钮，在展开的菜单中选择“新建路径”选项。

编辑单个对象：全选，执行“排列”→“拆分”，再取消组合。

复合调和：指在多个对象间创建调和效果，从而实现多个对象间的渐变过渡效果，如图4-7所示。

拆分调和对象：指将已创建调和效果的对象拆分，从调和对象中指定一个组成的元素，将其变成一个独立的对象，使用者可以对这些对象进行填充、变形等编辑处理，如图4-8所示。操作方法为在属性栏中单击“杂项调和选项”按钮，在展开的选项中单击“拆分”按钮。

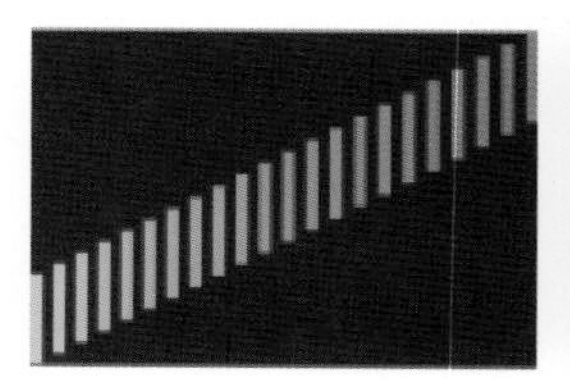

图4-5　直线调和

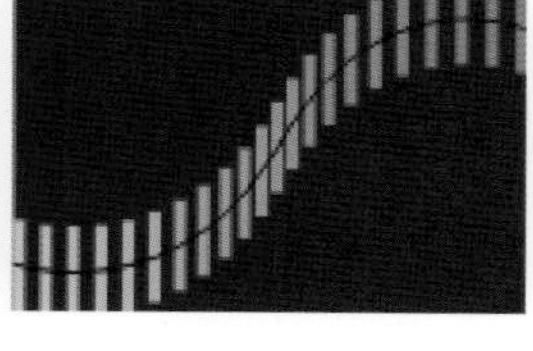

图4-6　沿路径调和

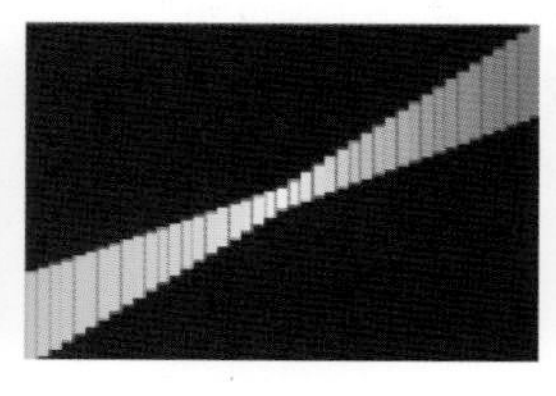

图4-7　复合调和

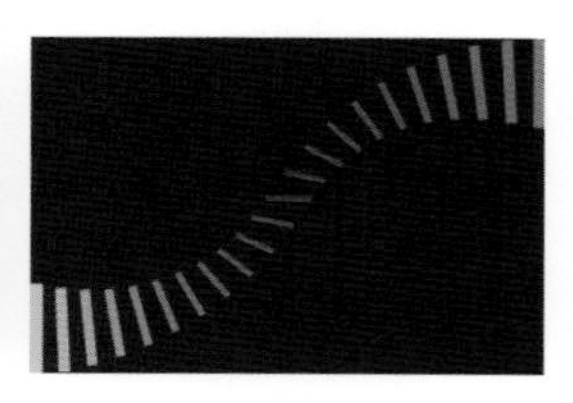

图4-8　拆分调和对象

4.2.2　交互式轮廓图工具

轮廓图效果是指由一系列对称的同心轮廓线圈组合在一起所形成的具有深度感的效果。由于轮廓效果有些类似于地理地图中的地势等高线，故有时又称为“等高线效果”，如图4-9所示。

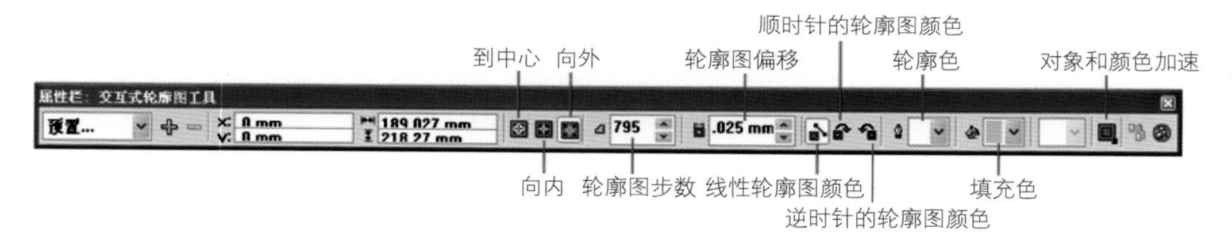

图4-9　“交互式轮廓图工具”属性栏

轮廓效果与调和效果相似，也是通过过渡对象来创建轮廓渐变的效果，但轮廓效果只能作用于单个的对象，而不能应用于两个或多个对象。

①选中欲添加效果的对象。

②在工具箱中选择 “交互式轮廓图工具” 。

③用鼠标向内（或向外）拖动对象的轮廓线，在拖动的过程中可以看到提示的虚线框。

④当虚线框达到满意的大小时，释放鼠标即可完成轮廓效果的制作，如图4-10所示。

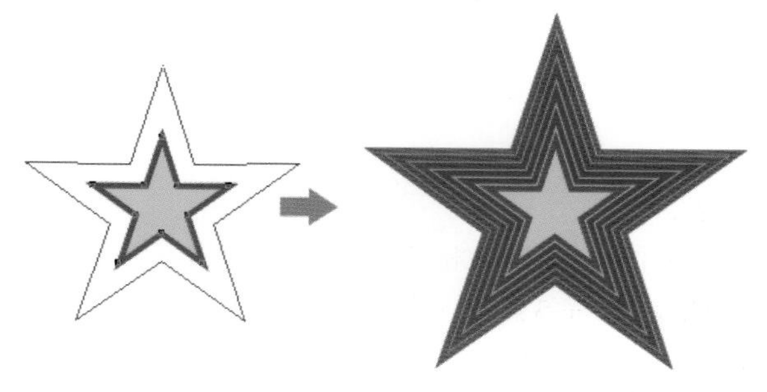

图4-10　使用轮廓图工具后的效果

4.2.3　交互式变形工具

变形效果是指不规则地改变对象的外观，使对象发生变形，从而产生令人耳目一新的效果。CorelDRAW提供的“交互式变形工具” 可以方便地改变对象的外观。通过该工具中“推拉变形” 、“拉链变形” 和“缠绕变形” 三种变形方式的相互配合，可以得到变化无穷的变形效果。

推拉变形：使对象的边缘向内推进，或者向外拉伸。

拉链变形：使对象边缘产生锯齿状，就像拉开的拉链一样。

缠绕变形：旋转扭曲对象从而产生旋涡状的效果。

①在工具箱中选择“交互式变形工具” 。

②在属性栏中选择变形方式为“推拉变形” 、“拉链变形” 或“缠绕变形” 。

③将鼠标移动到需要变形的对象上，按住鼠标左键拖动对象到适当位置，此时可看见蓝色的变形提示虚线。

④释放鼠标即可完成变形，如图4-11所示。

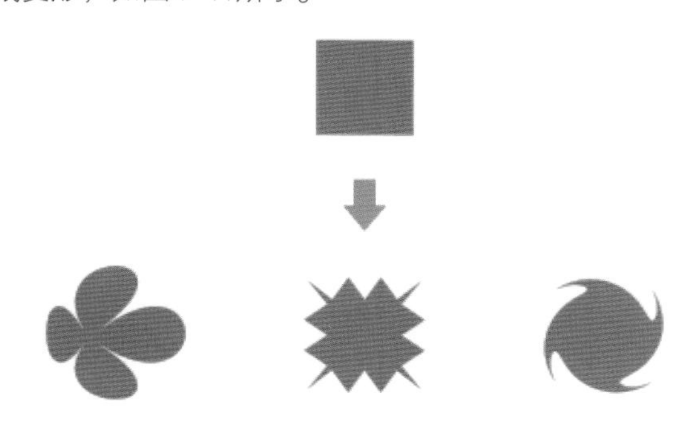

图4-11　相同节点及方向的推拉、拉链和缠绕变形效果

4.2.4　交互式阴影工具

阴影效果是指为对象添加下拉阴影，增加景深感，从而使对象具有逼真的外观效果。制作好的阴影效果与选定对象是动态链接在一起的，如果改变对象的外观，阴影也会随之变化。使用“交互式阴影工具”，可以快速地为对象添加下拉阴影效果。

①在工具箱中选择“交互式阴影工具” ，如图4-12所示。

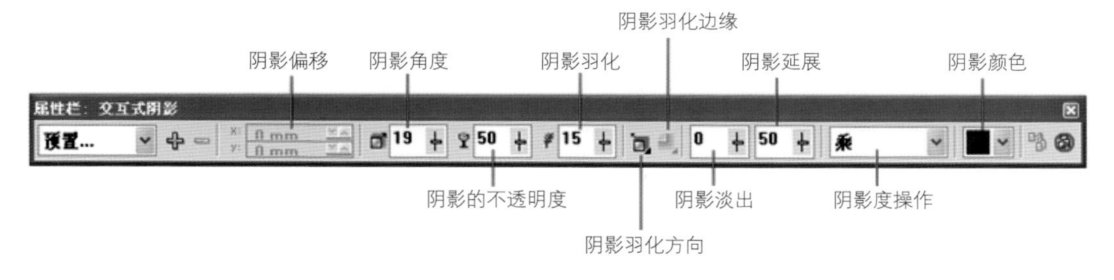

图4-12　“交互式阴影工具”属性栏

②选中需要制作阴影效果的对象。

③在对象上按下鼠标左键，然后往投影方向拖动鼠标，此时会出现对象阴影的虚线轮廓框。

④拖动对象至适当位置，释放鼠标即可完成阴影效果的添加，如图4-13所示。

拖动阴影控制线中间的调节钮，可以调节阴影的不透明程度。越靠近白色方块不透明度越小，阴影越淡；越靠近黑色方块（或其他颜色）不透明度越大，阴影越浓。用鼠标从调色板中将颜色色块拖到

图4-13　应用“交互式阴影工具”

黑色方块中，方块的颜色则变为选定色，阴影的颜色也会随之改变为选定色。拆分阴影操作步骤：“排列”→“打散阴影群组”。

4.2.5　交互式封套工具

封套是通过操纵边界框来改变对象的形状，其效果有点类似于印在橡皮上的图案，扯动橡皮则图案会随之变形。使用工具箱中的“交互式封套工具”可以方便快捷地创建对象的封套效果。

①选中工具箱中的“交互式封套工具”。

②单击需要制作封套效果的对象，此时对象四周出现一个矩形封套虚线控制框。拖动封套控制框上的节点，即可控制对象的外观，如图4-14所示。

图4-14　使用“交互式封套工具”

4.2.6　交互式立体化工具

立体化效果是利用三维空间的立体旋转和光源照射的功能，为对象添加上产生明暗变化的阴影，从而制作出逼真的三维立体效果。使用工具箱中的“交互式立体化工具”，可以轻松地为对象添加上具有专业水准的矢量图立体化效果或位图立体化效果。“交互式立体化工具”属性栏如图4-15所示。

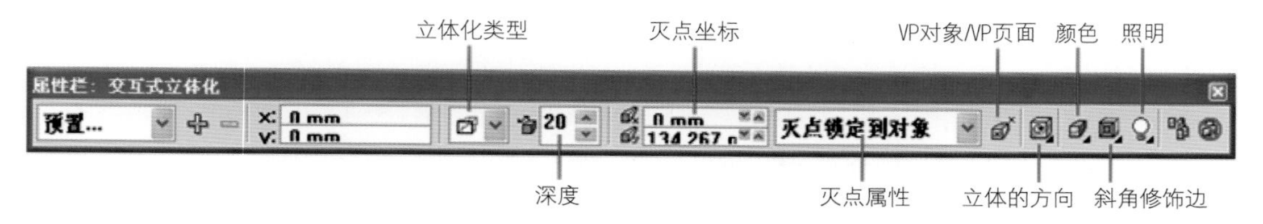

图4-15　“交互式立体化工具”属性栏

①在工具箱中选中“交互式立体化工具”。

②选定需要添加立体化效果的对象。

③在对象中心按住鼠标左键向添加立体化效果的方向拖动，此时对象上会出现立体化效果的控制虚线。

④拖动到适当位置后释放鼠标，即可完成立体化效果的添加，如图4–16所示。

⑤拖动控制线中的调节钮可以改变对象立体化的深度。

⑥拖动控制线箭头所指一端的控制点，可以改变对象立体化消失点的位置。

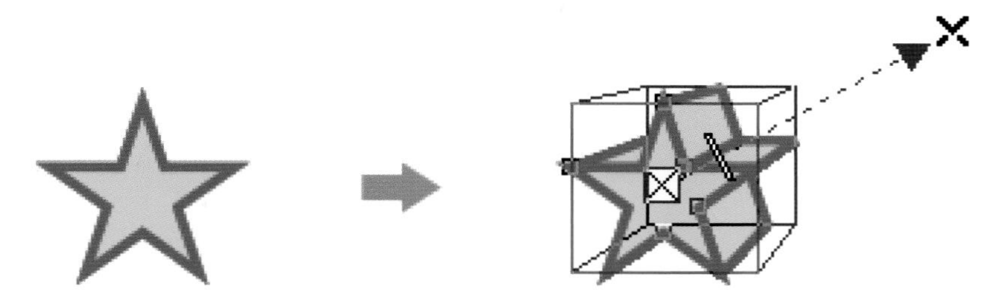

图4–16 应用交互式立体化工具

4.2.7 交互式透明工具

透明效果是通过改变对象填充颜色的透明程度来创建独特的视觉效果。使用“交互式透明工具”可以方便地为对象添加“标准”“渐变”“图案”及“材质”等透明效果。

交互式透明效果可为对象创建出透明图层的效果。在对物体的造型处理上，应用交互式透明工具效果能很好地表现出对象的光滑质感，增强对象的真实效果，可应用于矢量图形、文本和位图图像。“交互式透明工具”属性栏如图4–17所示。

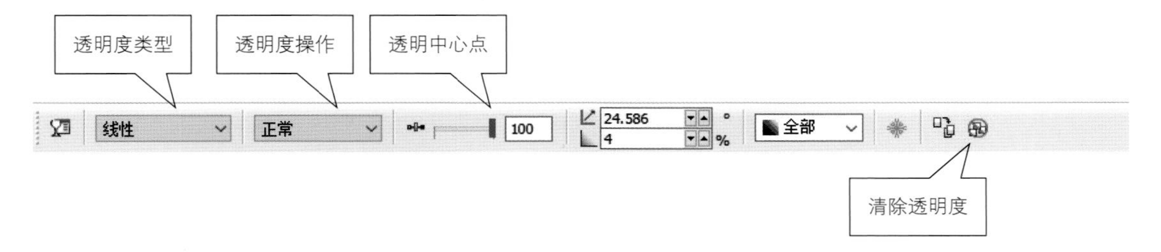

图4–17 “交互式透明工具”属性栏

以均匀透明效果为例，使用“选择工具”选择需要应用透明效果的对象，在工具箱中选择“交互式透明工具”，在属性栏中“透明度类型”选择“标准”，如图4–18所示。

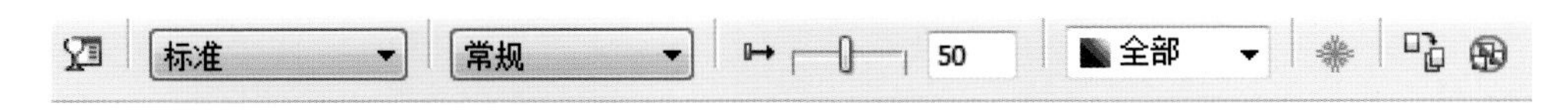

图4–18 “交互式透明工具”属性栏中的“透明度类型”

从“透明度类型”下拉列表中选择“标准”，会以对象的固有色产生均匀透明效果。“开始透明度”选项用于调整对象应用透明效果的程度，当参数值越小时，对象的透明效果越不明显；反之，透明效果越明显，如图4–19所示。其他透明效果如图4–20至图4–24所示。

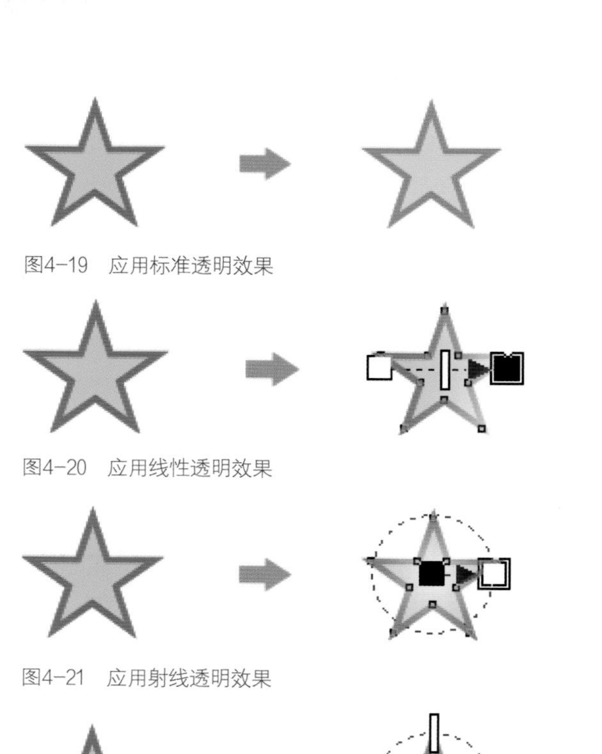

图4-19 应用标准透明效果

图4-20 应用线性透明效果

图4-21 应用射线透明效果

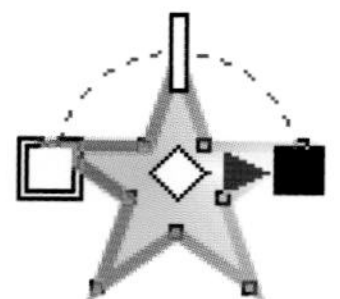

图4-22 应用圆锥透明效果

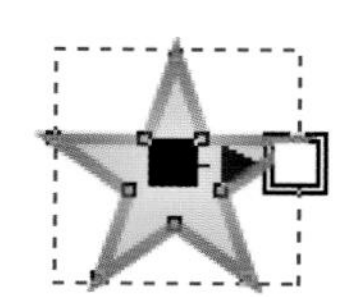

图4-23 应用方角透明效果

图4-24 应用图样透明效果

4.3

图框精确剪裁

4.3.1 图框精确剪裁效果

图框精确剪裁可将一个图形置于另一个图形容器中。但要注意，图形容器必须是封闭的曲线，如圆形、矩形等封闭的曲线对象或美术文本。

（1）置于容器内

①选中放置容器中的对象，执行“效果”→“图框精确剪裁”→“置于容器内”，此时鼠标变成“➡”状态，用光标单击作为容器的对象即可（可以是位图或矢量图）。

②用鼠标右键按住图形对象不放，拖入作为容器的对象，释放鼠标，右键选择“置入图框精确剪裁”即可，如图4-25所示。

（2）编辑内容（按住Ctrl键并单击编辑图形）

执行“效果”→“图框精确剪裁”→“编辑内容”，对放置在容器中的对象进行编辑操作，以达到满意的效果，如图4-26所示。

图4-25　置于容器内

图4-26　编辑内容

（3）结束编辑（按住Ctrl键并单击桌面）

执行“效果”→“图框精确剪裁”→“结束编辑”，即可结束编辑，如图4-27所示。

（4）提取内容

执行“效果”→“图框精确剪裁”→“提取内容”，将已经放入容器内的图形对象释放出来，如图4-28所示。

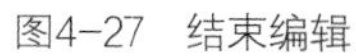

图4-27 结束编辑

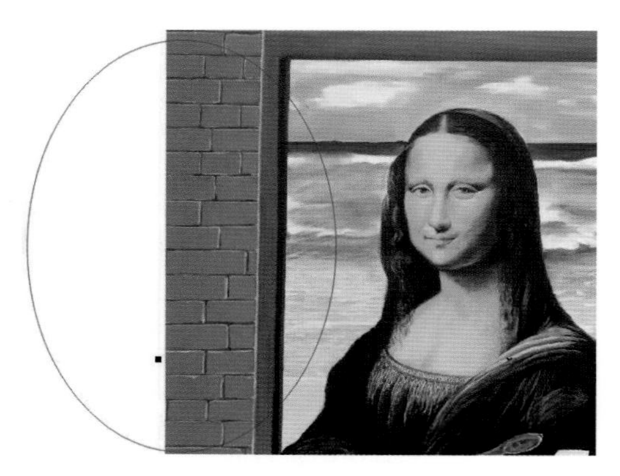

图4-28 提取内容

4.3.2 将复杂内容作为容器

该操作可以将一幅图片进行分割。利用网格和螺旋线作为容器应用到实例中，如图4-29、4-30所示。

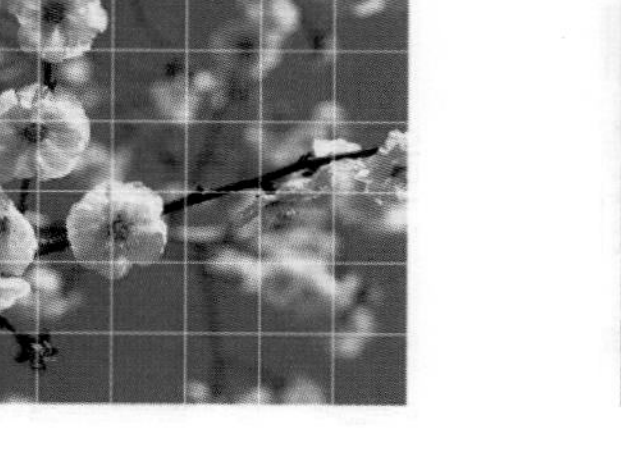

图4-29 利用网格作为容器

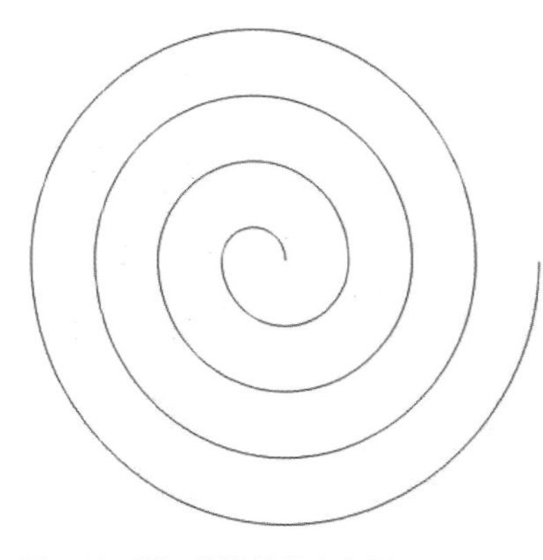

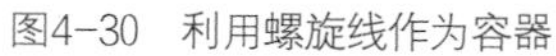

图4-30 利用螺旋线作为容器

4.4 项目实训案例

4.4.1 案例1：欧卫厨房电器信笺、信封设计

（1）设计思路

信笺、信封、便笺属于VI应用系统中的办公用品。信笺、信封代表企业的形象，当邮寄资料给顾客时，信封的作用就显得尤为重要。它可以方便人们认识该企业，了解该企业，提高企业的知名度。标准信封分国内和国外，两种信封的版面形式有所区别，版式按规定执行，规格均为220 mm × 115 mm，我们要制作的信封版式为国内信封。在制作信笺、信封前，先要设计好标志。欧卫厨房电器的标志采用抽象的方式来表达企业的精神和特征，在色彩的运用上采用白色为主色调，体现出该企业稳重、深远的寓意。最后加上文字等基本要素，欧卫厨房电器的信笺、信封制作便完成了（图4-31）。

图4-31　欧卫厨房电器信笺、信封设计

（2）技术剖析

运用CorelDRAW 软件中的“排列工具”和“图框精确剪裁”制作欧卫厨房电器信笺、信封。在制作的最后步骤运用了“交互式阴影工具”，通过设置“阴影工具”的不透明性、羽化和颜色等，可以使图像产生不同的立体效果。

（3）制作步骤

• 欧卫厨房电器信笺设计

通过新建一个空白文档，应用“变换工具”与“图框精确剪裁”对文件中图形的编排，完成信笺的最终效果。

①创建一个新文档。

执行“文件”→“新建”，新建默认的空白文档。在CorelDRAW X6中默认文档是A4，因为要设计信笺，所以要重新设置页面的大小。执行“布局”→“页面设置”，在弹出的对话框中设置信笺的大小尺寸，如图4-32所示。

图4-32　页面大小设置对话框

提示：

为了更快地设置页面大小，可以直接修改属性栏中的参数，输入宽度和高度的数值来设置页面的大小。

②运用矩形工具绘制出信笺轮廓和底部色块。

a.选择工具栏中的“矩形工具”，在绘图区域中绘制出一个与背景相等的矩形，设置颜色（C:0，M:0，Y: 0，K: 10），如图4-33所示。

b.继续选择工具栏中的“矩形工具”，在绘图区域中绘制出两个矩形条，单击“填充工具”，设置颜色（C:100，M:76，Y: 0，K: 0），单击“确定”按钮，如图4-34所示。

图4-33　信笺轮廓　　图4-34　色块

③信笺背景制作。

a.将标志图形提取出来作为辅助图形，填充颜色（C:0，M:0，Y: 0，K: 40），效果如图4-35所示。

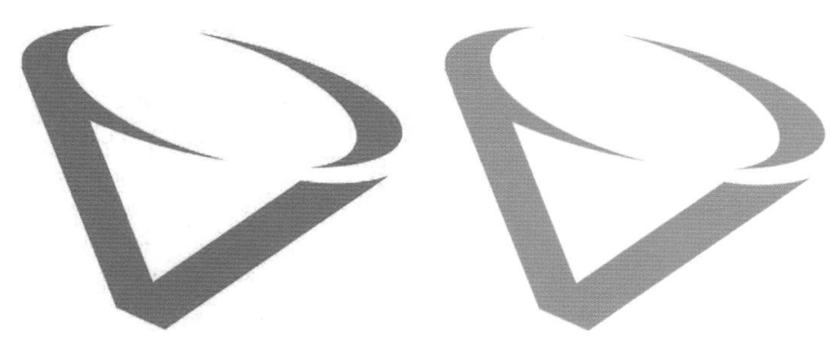

图4-35　辅助图形效果

b.选中辅助图形，执行菜单栏中的“效果”→“图框精确剪裁”→“放置在容器中”，这时光标会变为“➡”，将箭头指向信笺矩形，单击鼠标左键，图形将被精确放置于选中容器内。选中矩形单击鼠标右键，编辑内容，调整辅助图形位置，置于信笺右上方；再单击鼠标右键，选择“结束编辑”，效果如图4-36所示。

④标志及文字排版。

a.将制作好的欧卫厨房电器标志图形与标准字进行群组，放置于信笺左下方（图4-37）。

b.单击“文本工具”字，输入欧卫厨房电器公司基本信息。选中输入的文字，在“文本工具”属性栏中的“字体列表”中选择“黑体”，在“字体大小”下拉列表中选择“8”，填充颜色（C:0，M:0，Y:0，K:100），得到如图4-38所示的最终效果。

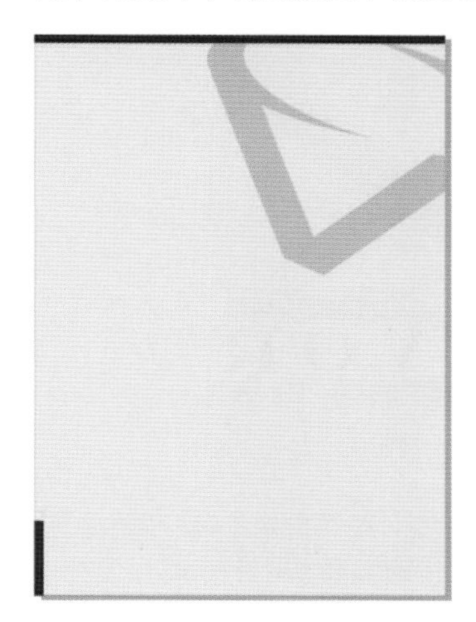

图4-36　辅助图形效果

图4-37　欧卫厨房电器标志效果

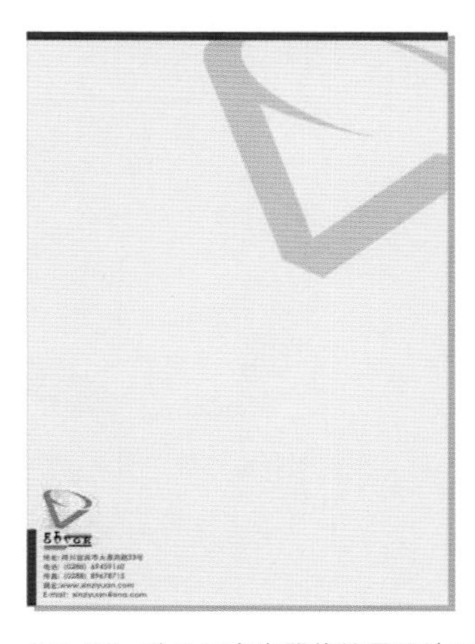

图4-38　欧卫厨房电器信笺最终效果

• 欧卫厨房电器信封设计

①设定信封尺寸。

a.启动CorelDRAW X6后，新建一个文档，并以“欧卫厨房电器信封”为文件名保存到自己需要的地方。

b.选择“矩形工具”，绘制出一个220 mm × 115 mm的矩形，设置填充颜色为“无色”。用“钢笔工具”绘制出闭合图形，填充闭合图形颜色（C:100，M:76，Y: 0，K: 0），如图4-39所示。

c.选择“矩形工具”，按住Shift键绘制一个10 mm × 10 mm的正方形。设置正方形颜色为“无色”，设置轮廓色（C:0，M:0，Y:0，K:50），设置轮廓宽度为0.5 mm。复制正方形，水平向右拖动，如图4-40所示。选择工具箱中的“交互式调和工具”，从左边的正方形向右边的正方形拖动，设置步长为4，这样信封上邮政编码填写处便制作完成，如图4-41所示。

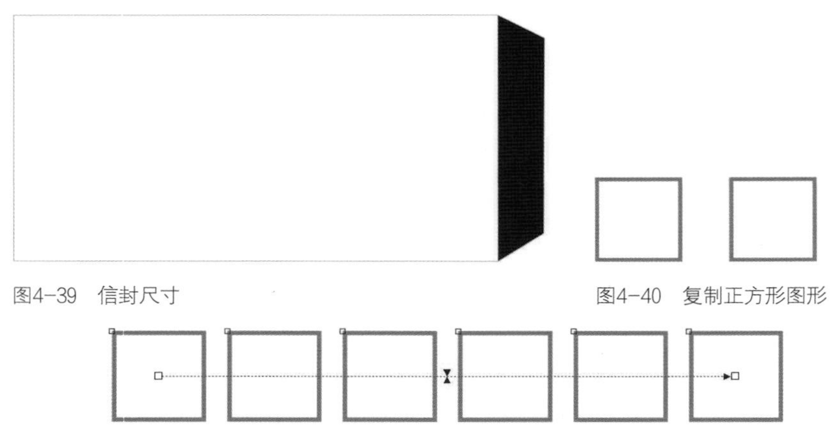

图4-39 信封尺寸　　图4-40 复制正方形图形

图4-41 “交互式调和工具”设计效果

d.选中辅助图形，执行菜单栏中的“效果”→“图框精确剪裁”→“放置在容器中”，这时光标会变为“➡”，将箭头指向信封矩形，单击鼠标左键，图形将被精确放置于选中容器内。选中矩形单击鼠标右键，编辑内容，调整辅助图形位置，置于信封左下方；再单击鼠标右键，选择“结束编辑”，效果如图4-42所示。

②标志及文字排版。

a.将制作好的欧卫厨房电器标志图形与标准字进行群组，放置于信封右下方（图4-43）。

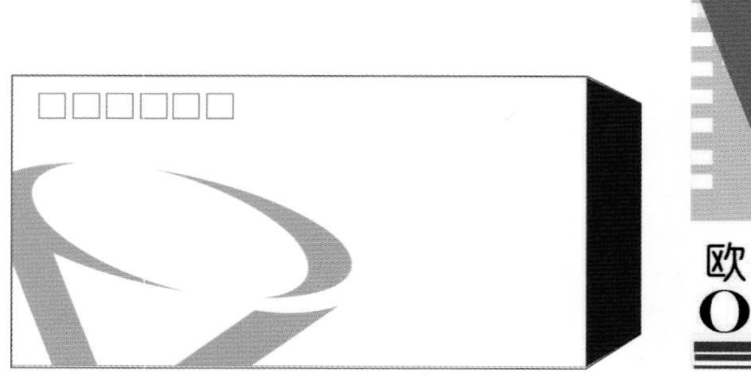

图4-42 辅助图形效果

图4-43 欧卫厨房电器标志效果

b.单击“文本工具”**字**，输入欧卫厨房公司基本信息。选中输入的文字，在“文本工具”属性栏中的“字体列表”中选择“黑体”，在“字体大小”下拉列表中选择“7”，填充颜色（C:0，M:0，Y:0，K:100），得到如图4-44所示的最终效果图。

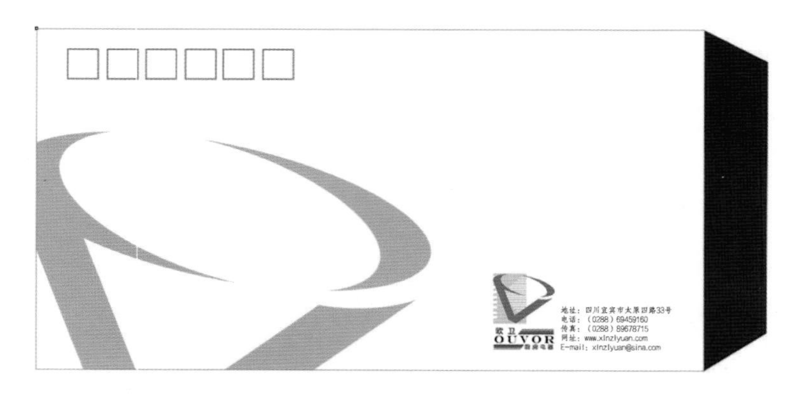

图4-44 欧卫厨房电器信封效果

③添加阴影。

将设计好的欧卫厨房电器信封群组，在工具箱中选择“交互式阴影工具”，在其属性栏的“预设列表”中选择“平面右下”，设置“阴影的不透明” 30 ，设置“阴影羽化” 6 ，“阴影颜色”选择黑色，如图4-45所示。最终效果如图4-46所示。

图4-45 “交互式阴影工具”设置

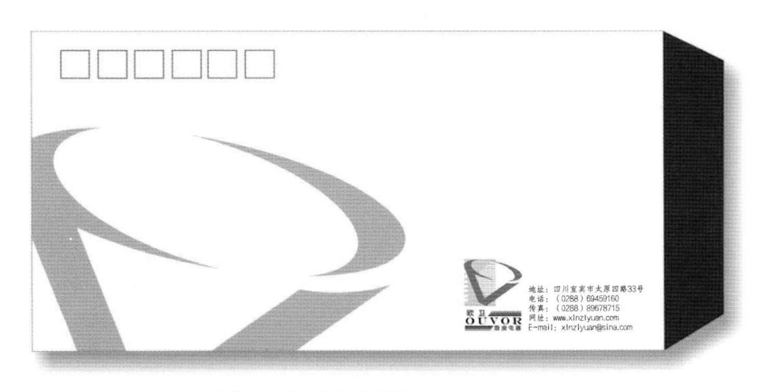

图4-46 欧卫厨房电器信封添加阴影的效果

（4）案例回顾与总结

本案例主要运用了CorelDRAW软件中的“图框精确剪裁”“交互式阴影工具”相关知识和应用来进行信笺、信封的统一设计。在设计此类内容时我们应该注意了解VI应用系统中办公用品（信笺、信封）的规格及一般编排方式；了解该企业的经营理念，注意标志、标准色彩、辅助图形在整个版式编排上的应用。

4.4.2 案例2：欧卫厨房电器手提袋设计

（1）设计思路

手提袋设计一般要求简洁大方，正面一般以公司的标志和公司名称为主，或者加上公司的经营理念，不应设计得过于复杂，能加深消费者对公司或产品的印象，获得好的宣传效果。制作材料有纸张、塑料、无纺布等。纸袋可选用157 g或200 g的铜版纸，如需与较重的包装品配套，可选用300 g铜版纸或300 g以上的纸张印刷。如选用铜版纸或卡纸印刷，一般需覆膜来增加其强度。

（2）技术剖析

主要运用CorelDRAW X6软件中的“贝塞尔曲线”“图框精确剪裁”“颜色填充工具”制作如图4-47所示的欧卫厨房电器手提袋。首先要绘制出手提袋的立体效果，然后将企业形象要素编排在手提袋上。

（3）制作步骤

①绘制手提袋立体效果。

a.启动CorelDRAW X6后，新建一个文档，并以“欧卫厨房电器手提袋”为文件名保存到自己需要的地方。

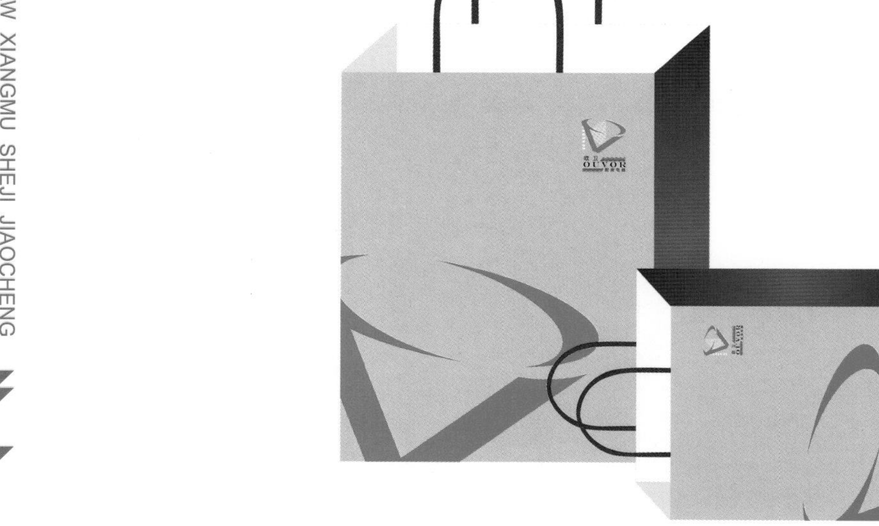

图4-47　欧卫厨房电器手提袋设计

b.选择“矩形工具”，绘制出一个350 mm × 450 mm的矩形，填充颜色（C:0，M:0，Y:0，K:20）；再选择“矩形工具”，绘制出一个60 mm × 450 mm的矩形，并执行“倾斜”命令，打开“渐变填充对话框”，选择“类型”为射线，设置中心位移“水平”为0，“垂直”为0，“边界”为0，“颜色调和”勾选双色，设置颜色“从（F）”（C:95，M:94，Y:3，K:0）“到（O）（C:91，M:35，Y:2，K:0）”，“中点（M）”为50，单击“确定”按钮，手提袋正面和侧面绘制完成。再用同样的方式绘制手提袋另外两个面，手提袋立体效果如图4-48所示。

c.单击工具箱中的“椭圆工具”，按住Ctrl键不放，在工作区中绘制一个直径为18 mm的正圆形。然后复制粘贴正圆形，绘制出手提袋上的两个孔。再用“贝塞尔曲线”绘制出手提袋上的绳子，填充颜色（C:0，M:0，Y: 0，K: 80）。手提袋立体效果如图4-49所示。

图4-48　手提袋立体效果　　图4-49　手提袋立体效果

②手提袋图文编排。

a.选中辅助图形，选择菜单栏中的“效果”→“图框精确剪裁”→“放置在容器中”命令，这时光标会变为“➡”，将箭头指向信封矩形，单击鼠标左键，图形将被精确放置于选中容器内。选中矩形单击鼠标右键，编辑内容，调整辅助图形位置，置于信封左下方；再单击鼠标右键，选择“结束编辑”，效果如图4-50所示。

b.标志及文字排版。将欧卫厨房电器标志图形与标准字进行群组，放置于手提袋右上方。将公司基本信息文字设计在手提袋侧面，并执行“倾斜”命令，整个手提袋图文设计效果就完成了，如图4-51所示。

图4-50 辅助图形效果

图4-51 欧卫厨房电器手提袋效果图

（4）案例回顾与总结

本案例主要运用了CorelDRAW软件中的“图框精确剪裁”“颜色填充工具”相关知识和应用来进行手提袋的设计。在设计此类内容时我们应该注意VI设计的流程和方法。

广告设计

学习目的

了解CorelDRAW位图工具的功能和使用技巧，掌握在矢量图软件中对位图文件进行编辑的方法，学会导入及编辑位图、位图转换为矢量图、矢量图转换为位图、调整位图的颜色与色调、调整位图的色彩效果，并能在广告设计中灵活应用。

知识重点

1.导入及编辑位图
2.位图转换为矢量图
3.矢量图转换为位图
4.调整位图的色彩色调
5.调整位图的色彩模式

知识难点

1.位图导入与编辑
2.位图的色彩调整

P79～96

习题及答案

5.1 广告设计基础知识

广告设计是以计算机平面设计技术应用为基础，随着广告行业发展所形成的综合性学科。它的主要特征是以图像、文字、色彩、版面、图形等表达广告的元素，结合广告媒体的使用特征，在计算机上通过相关设计软件来实现表达广告的目的和意图，常见类型如下。

5.1.1 商业广告

商业广告是指商品经营者或服务提供者承担费用，通过一定的媒介和形式直接或间接地介绍所推销的商品或提供的服务的广告。商业广告是人们为了利益而制作的广告，是为了宣传某种产品或服务而让人们喜爱并购买它，如图5-1所示。

5.1.2 公益广告

公益广告是以为公众谋利益为目的而设计的广告，是指不以营利为目的而为社会公众切身利益和社会风尚服务的广告，如图5-2所示。

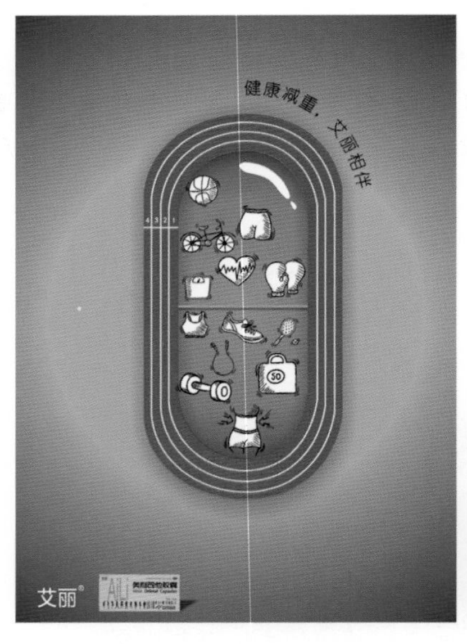

图5-1　商业广告

图5-2　环保公益广告

5.2 位图的基本操作

CorelDRAW能帮助我们在矢量图软件中对位图文件进行编辑。熟练掌握缩放、变形、特效等编辑，可以更好地结合矢量图与位图工作。

5.2.1　导入及编辑位图

因为位图文件不能直接被矢量图软件打开，用“导入”命令将其放入软件中，可以对导入的位图进行缩放、修剪处理，还可以使用各种图像处理工具将位图编辑成任意形状。

（1）导入

“导入”命令在属性栏的图标为 ，或者利用菜单栏“文件”→“导入”命令来完成。导入时可以利用鼠标框来确定导入位图在页面中的位置，如图5-3所示。

（2）编辑位图

可以在导入位图的同时将其裁剪成合适的大小，并利用“形状工具”进行编辑节点、颜色遮罩等处理。

①缩放位图。

首先导入位图，使用工具箱中的“挑选工具”，选中位图图像，此时图像的四周会出现控制框及8个控制节点，如图5-4所示。拖动控制框中的控制节点，即可缩放位图图像的尺寸大小，也可通过设置选取工具属性栏中的“图像尺寸”或“比例选项”，或使用“变换”泊坞窗中的“尺寸”功能选项来控制位图图形的缩放。

图5-3　选取位图

图5-4　缩放位图

②裁剪位图。

选中工具箱中的“形状工具”，单击导入位图图像，此时图像的4个边角出现4个控制节点，如图5-5所示。可以拖动位图边角上的控制节点裁剪图形，也可在控制框边线上添加、删除或转换节点后，再进行编辑，如图5-6所示。

图5-5　选取位图

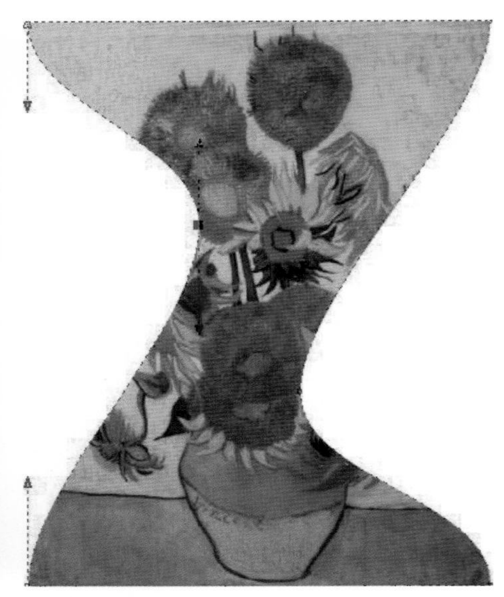

图5-6　裁剪位图

③显示部分位图。

选中位图，执行“位图”→“位图颜色遮罩”，打开“位图颜色遮罩”泊坞窗，如图5-7所示。在泊坞窗中单击“颜色选择”按钮，选择“滴管工具”，在图像上单击吸取要遮罩的颜色，选中的颜色将出现在“位图颜色遮罩”泊坞窗的颜色列表框中，单击“应用”按钮，则位图中的选定颜色区域被设置为透明，如图5-8所示。

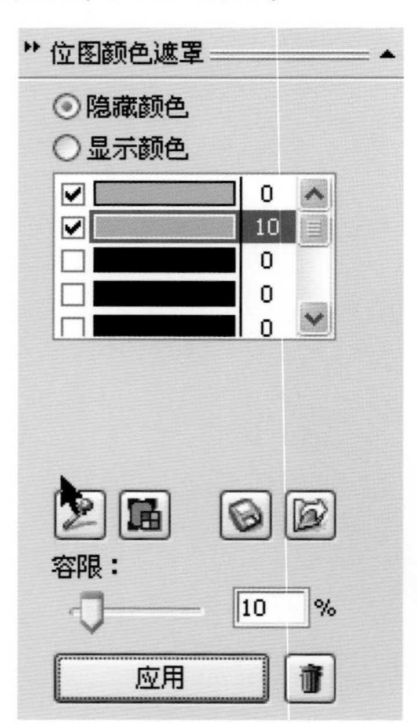

图5-7　位图颜色遮罩

图5-8　选定颜色区域被设置为透明

④旋转和倾斜位图。

对位图进行选择和倾斜操作，其操作方法和步骤与矢量对象的操作相同，如图5-9、图5-10所示。若要精确设置位图旋转角度，可执行“位图”→“矫正图像”命令，打开对话框，在旋转图像中设置度数，如图5-11所示。

图5-9　选取位图

图5-10　旋转、倾斜位图

图5-11　矫正图像

5.2.2　位图与矢量图的转换

（1）位图转换为矢量图

在CorelDRAW中导入位图后，选中位图，单击属性栏的“描摹位图”，或者执行“位图”→“描摹位图”命令，系统会自动启动以上程序并将图形转成矢量图，如图5-12所示。

图5-12　位图转换为矢量图的效果

单击“描摹位图”按钮，出现下拉菜单，功能如下。

快速描摹：单击此命令后，CorelDRAW会快速地把当前位图图形转换为矢量图形，从而快速地进行路径和节点的编辑。

线条图：以线条图的形式来转换图形。单击此命令后，系统会自动进行运算，计算结果。单击“确定”，即可转换成功。

徽标：以徽标的形式来转换图形。其属性和线框图的设置属性一样。

详细徽标：比徽标描绘得更详细些。属性设置同上。

剪贴画：以剪贴画的形式转换图形。

低质量图像：因转换出来的图像效果比较差，不推荐使用此命令。

高质量图像：推荐使用。

（2）矢量图转换为位图

选取需要转换成位图的图形，执行“位图”→“转换为位图”命令，在弹出的菜单栏中可以设置其位图特征。这里需要注意的是转换成位图时的色彩模式，如图5-13所示。如果需要对转换后的位图进行编辑，最好将分辨率设置为200 dpi以上。

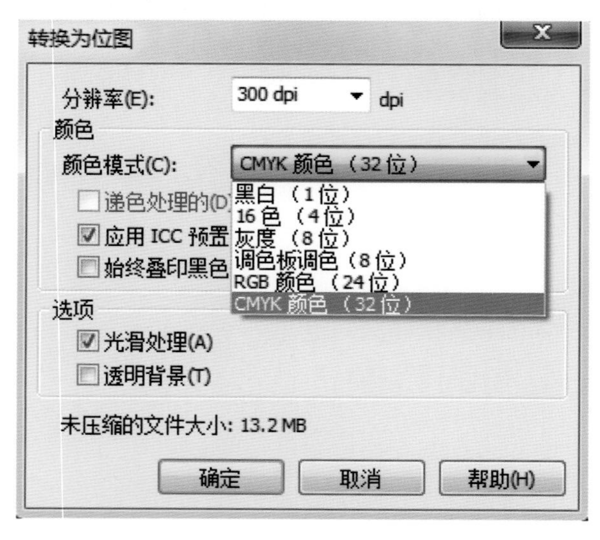

图5-13　转换位图

5.2.3 调整位图的色彩效果

使用位图菜单中的“自动调整”“图像调整实验室”，可调整其均衡性、色调、亮度、对比度、色相、饱和度等颜色特性。通过调整功能，可以创建或恢复位图图像中由于曝光过度或感光不足而呈现的部分细节，丰富位图图形的色彩效果，其调整命令如图5-14所示。类似于Photoshop软件，使用调整功能的方法比较简单和直观，只需选定需要调整的图形对象，然后选择需要的功能选项，即可在相应的对话框中调整位图效果。

图5-14 图像调整实验室

5.2.4 调整位图的色彩模式

可以在各种色彩模式之间转换位图图像，从而根据不同的应用，采用不同的方式对位图的颜色进行分类和显示，控制位图的外观质量和文件大小。通过“位图”→“模式”子菜单，可以选择位图的色彩模式，如图5-15所示。

图5-15 色彩模式

（1）黑白（1位）

黑白模式是颜色结构中最简单的位图色彩模式，由于只使用一位（1-bit）来显示颜色，所以只有黑白两色，效果如图5-16所示。

（2）灰度（8位）

将选定的位图转换成灰度（8位） 模式，可以产生一种类似于黑白照片的效果，如图5-17所示。

原图

黑白

图5-16　黑白模式

原图

灰度

图5-17　灰度模式

（3）双色（8位）

在“双色调”对话框中不仅可以设置单色调模式，还可以在“类型”列选栏中选择双色调、三色调及全色调模式，如图5-18所示。

（4）调色板（8位）

“调色板”是一种8位颜色模式，可显示256种颜色的图像。将复杂图像转换为调色板颜色模式，可以缩小文件的体积，更精确地控制在转换过程中使用的各种颜色，效果如图5-19所示。

原图

双色

图5-18　双色模式

原图

调色板

图5-19　调色板模式

（5）RGB 颜色（24位）

RGB 颜色模式描述了能在计算机上显示的最大范围的颜色。R、G、B三个分量各自代表三原色［Red（红）、Green（绿）、Blue（蓝）］中的一种，且都具有 255 级强度，其余的单个颜色都是由这三个分量按照一定的比例混合而成。默认状态下，位图都采用这种颜色模式。

（6）Lab 颜色（24位）

Lab 颜色是基于人眼认识颜色的理论而建立的一种与设备无关的颜色模型。L、a、b三个分量各自代表照度、从绿到红的颜色范围及从蓝到黄的颜色范围。

（7）CMYK 颜色（32位）

CMYK 颜色是为印刷工业所开发的一种颜色模式，它的 4 种颜色分别代表了印刷中常用的油墨颜色［Cyan（青）、Magenta（品红）、Yellow（黄）、Black（黑）］，将 4 种颜色按照一定的比例混合起来，就能得到范围很广的颜色。由于 CMYK 颜色比 RGB 颜色的范围要小一些，故将 RGB 位图转换为 CMYK 位图时，会出现颜色损失的现象。

5.3 项目实训案例

5.3.1 案例1：化妆品广告

（1）设计思路

来自美国的美宝莲化妆品，始终致力于追求产品的完美，为现代女性提供最动人的化妆效果。这是一款美宝莲夏日唇彩系列的折扣宣传广告，广告主要针对25～45岁女性消费者。为配合夏日冰爽的感觉，特别选择蓝白背景图案和透明水珠效果融合的背景，希望该唇彩系列能在炎炎夏日带给消费者一种清爽的感觉。

（2）技术剖析

该案例主要运用CorelDRAW X6软件中“矩形工具”“形状工具”“填充工具”“交互式透明工具”制作出蓝白色背景与水滴图案的融合效果，搭配上处理好的图片，输入文字，使画面既能突出产品特点，又能营造出清凉的视觉效果（图5-20）。

图5-20 化妆品广告设计

（3）制作步骤

①创建新文档并保存。

a.启动CorelDRAW X6后，新建一个文档，默认纸张大小为A4，设置为横向。

b.鼠标左键单击页面左上方的“文件”按钮，在下拉菜单中选择“另存为”，以“化妆品广告”为文件名保存。

②绘制背景。

a.导入素材“背景.jpg”，按下快捷键（P键），将图片放置在画面居中位置，如图5-21所示。

b.选择“矩形工具”，绘制一个矩形，设置矩形的尺寸，宽为297 mm、高为64 mm，放置在画面底端位置。单击属性栏中的图标，将矩形“转曲”，如图5-22所示。

图5-21　导入背景图片

图5-22　绘制矩形

c.选择“形状工具”，在矩形的三分之一处创建一个节点，并往下拖移，效果如图5-23所示。

d.使用“形状工具”，将鼠标移动到直线上，单击鼠标右键，在弹出的子菜单中选择“到曲线”命令，将直线调整为如图5-24所示的曲线。

图5-23　创建节点

图5-24　调节曲线

e.打开“填充工具”中的“渐变填充”对话框，选择类型为“线性”，设置颜色“从（F）”浅黄（C:0，M:0，Y:60，K:0）“到（O）”黄色（C:0，M:0，Y:100，K:0），单击“确定”按钮。为调整后的矩形填充一个渐变色，去掉轮廓线，如图5-25所示。

f.复制一个渐变色色块，设置渐变填充。设置颜色“从（F）”蓝色（C:100，M:100，Y:0，K:0）“到（O）”青色（C:100，M:0，Y:0，K:0），单击“确定”按钮。运用“形状工具”对新复制的渐变色块的形状进行微调，最终效果如图5-26所示。

图5-25　填充渐变色

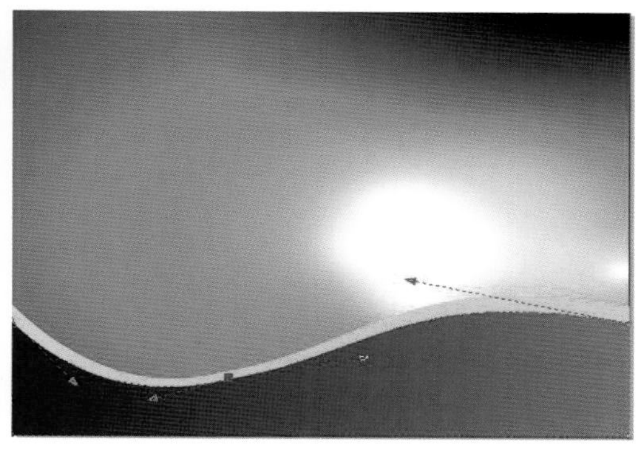

图5-26　填充渐变色并微调形状

g.导入素材“模特.psd”，将画面中的“模特”放置于画面的右侧。选中“模特”，单击鼠标右键，在弹出的快捷菜单中选择“顺序”→“置于此对象前”命令，将“模特”放置在背景图层的上方，效果如图5-27所示。

h.导入素材“水滴背景.jpg”，调整好图片的大小，单击鼠标右键，在弹出的快捷菜单中选择“顺序”→“置于此对象前”命令，将“模特”放置在背景图层的上方，效果如图5-28所示。

图5-27　导入素材并调整顺序

图5-28　导入素材并调整顺序

i.使用“交互式透明工具”，由下至上拖移出“线性”不透明度效果，如图5-29所示。

②输入文字并添加素材。

a.选择“文字工具”字，输入文字“夏日惊喜来袭！美宝莲唇彩系列全场5折起！”，设置字体为华文行楷，大小为44，填充颜色为黄色（C:0，M:0，Y:60，K:0）。选择“轮廓笔工具”，设置轮廓色为红色（C:0，M:100，Y:100，K:0），粗细为1.5 mm。在属性栏中设置旋转的角度为9.5度，文字最终效果如图5-30所示。

图5-29　设置不透明效果

图5-30　设置文字效果

提示：

在CorelDRAW X6中，有两种类型的文本，即美术字文本和段落文本。美术字文本适合于制作字数不多但需要设置各种效果的文本对象，如标题等；段落文本类适合于文字较多的情况。

b.选择“贝塞尔工具”，绘制如图所示的两个三角形，为其填充黄色（C:0，M:20，Y:100，K:0），去掉轮廓线，效果如图5-31所示。

c.导入素材“标志.psd”，单击鼠标右键，取消“群组”状态，调整素材的大小，放置在如图5-32所示的位置。

d.将素材“唇彩.psd”导入画面中，运用“选择工具”调整其大小，放置在如图5-33所示位置。

e.选择“文字工具”字，输入如图5-34所示的文字内容，设置字体为华文行楷，大小为20，填充颜色为蓝色（C:100，M:100，Y:0，K:0）。选择“选择工具”，调整文字的行间距，文字最终效果如图5-35所示。

图5-31　绘制三角形并填充

图5-32　导入标志等素材

图5-33　导入唇彩

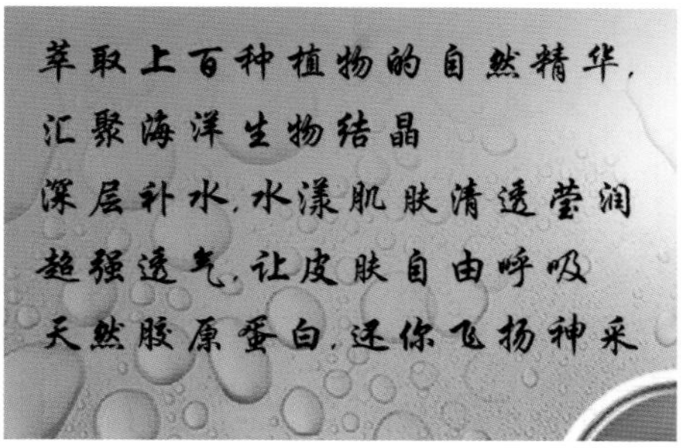

图5-34　输入文字

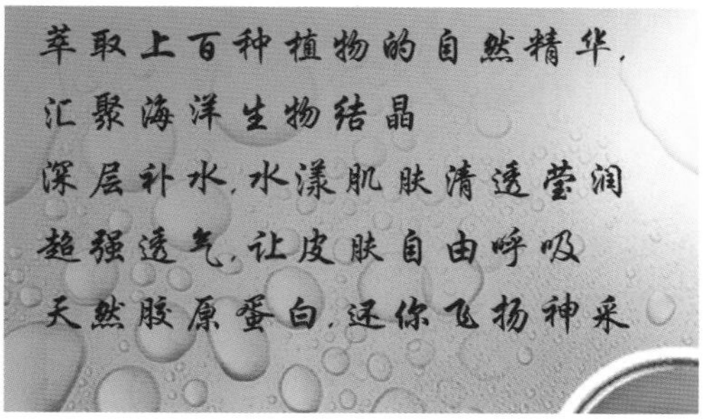

图5-35　文字最终效果

f.选择“文字工具” **字**，输入如图5-36所示的文字内容。设置字体为Arial，大小为18，填充颜色为黑色，将其放置在画面右下方。

g.选择“椭圆形工具”，按住Ctrl键创建一个正圆形。在属性栏中设置圆的尺寸为3 mm，设置其轮廓线为白色，粗细为0.5 mm，效果如图5-37所示。

图5-36　输入文字

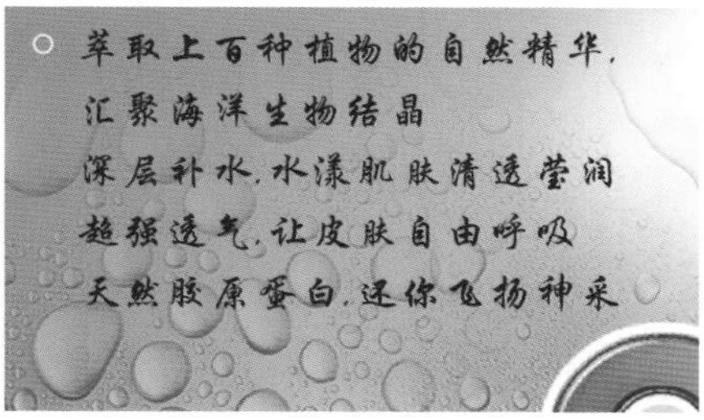

图5-37　绘制圆形

h.选中圆形，按住Ctrl键往下拖动并复制一个圆，执行Ctrl+R键，等距离复制出其他的圆，效果如图5-38所示。

③生成最终效果。

a.观察画面的整体效果，进行细微的调节。

b.选择“文件”下拉菜单中的“保存”选项，即可完成化妆品广告的制作。化妆品广告的最终效果如图5-39所示。

图5-38　等距离复制圆形

图5-39　化妆品广告最终完成效果

（4）案例回顾与总结

本案例主要运用CorelDRAW软件中的“导入及编辑位图”“交互式透明效果”等相关知识去设计这则化妆品广告。在设计此类内容时，应该注意：广告设计中的色彩、图形、文字是三个基本的元素，就视觉效果而言，色彩先于形状，当人们对色彩产生反应后，图形和文字才起作用；同时要了解广告设计的意义，注重整体版面色彩调和。

5.3.2　案例2：环保公益广告

（1）设计思路

公益广告的制作主题一定要明确、言简意赅，要让人对画面印象深刻。公益广告的制作更多的是考验设计者的创意思维，通过独特的创意来清晰明确地表达主题。本案例通过人们日常生活中常用的“方便筷”与线条绘制出的“树冠”，制作出“森林”的效果，通过这样一幅画面来提醒我们，生活中的一些小小举动，却会对大自然造成可怕的、灾难性的破坏。

（2）技术剖析

该案例（图5-40）主要运用CorelDRAW X6软件中的“贝塞尔工具”“形状工具”“轮廓笔工具”绘制“树冠”的造型，再将导入的素材与“树冠”组合成一个特别的树。对“树”进行复制，制作出“森林”效果。最后输入文字，突出该公益广告表达的主题。

（3）制作步骤

①创建新文档并保存。

a.启动CorelDRAW X6后，新建一个文档，默认纸张大小为A4。

b.鼠标左键单击页面左上方的“文件”按钮，在下拉菜单中选择“另存为”，以“公益广告”为文件名保存。

②绘制树形。

a.在工具箱中，选择“矩形工具”，得到一个和纸张大小一样的矩形。将矩形填充为黑色

用掉的不仅仅是筷子！

中国现在每年要生产大约一次性筷子450亿双，
需要砍伐2500万棵树。按照目前的速度，中国
可能在20年以内就要砍掉所有的森林

图5-40　公益广告设计

（C:100，M:100，Y:100，K:100），效果如图5-41所示。

b.选择“贝塞尔工具”，在画面中创建直线线段，如图5-42所示。

图5-41　填充黑色背景

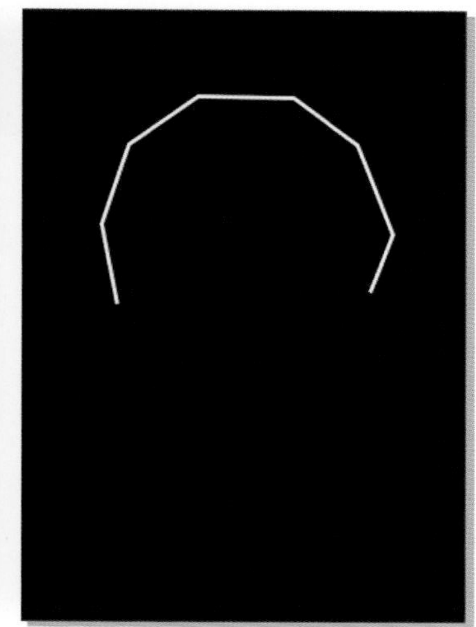

图5-42　绘制树冠的直线线条

c.选择“形状工具”，将鼠标移动到其中的一条直线段上，单击鼠标右键，在弹出的快捷菜单中选择“到曲线”命令，将直线转换为曲线，并将直线调整为弧线状，如图5-43所示。运用同样的方法，将所有的直线都转换为曲线，并调整形状如图5-44所示。

d.选择“轮廓笔工具”，设置轮廓色为绿色（C:62，M:0，Y:91，K:0），粗细为5 mm，效果如图5-45所示。

③导入素材并制作“森林”。

a.导入素材“方便筷.psd”，调整大小后，放置在如图5-46所示的位置，将“方便筷”与“树冠”群组起来。

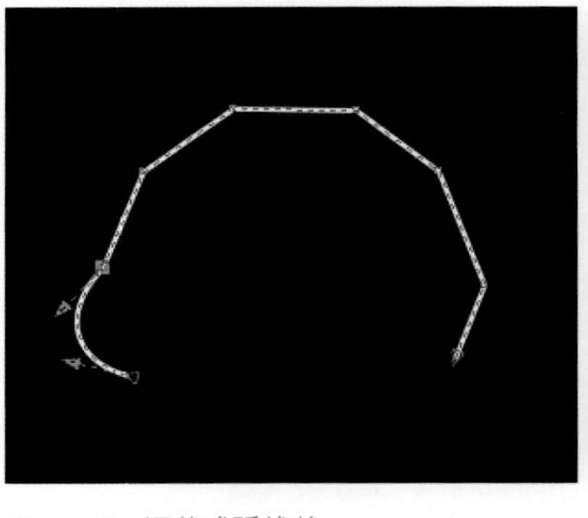

图 5-43　调整成弧线状

图5-44　调整后的树冠

图5-45　绘制好的树冠

图5-46　绘制好的“树”

b.选中“树”，缩小到合适大小。按下Ctrl键，水平移动或垂直移动的同时复制出更多的“树”，效果如图5-47所示。

④输入文字。

a.选择“文字工具” 字，输入文字“用掉的不仅仅是筷子！”，设置字体为黑体，大小为42，颜色为白色，放置在画面底端位置，如图5-48所示。

b.选择“文字工具” 字，输入如图5-49所示的文字内容，设置字体为华文中宋，大小为16，颜色为白色。

c.单击属性栏中的图标，设置文字的对齐方式为“居中”，选择“形状工具”，将文字的行间距调大，效果如图5-50所示。

⑤生成最终效果。

a.观察画面的整体效果，进行细微的调节。

b.选择“文件”下拉菜单中的“保存”选项，即可完成“公益广告”的制作。“公益广告”的最终效果如图5-51所示。

（4）案例回顾与总结

本案例主要运用CorelDRAW软件中的“导入及编辑位图”“调整位图色彩效果”等相关知识。在设计此类内容时我们应该注意：了解公益广告的意义，用简洁的图形赋予广告更深刻的含义；了解色彩调和的重要性，使图形、色彩、文字在版面中达到协调统一。

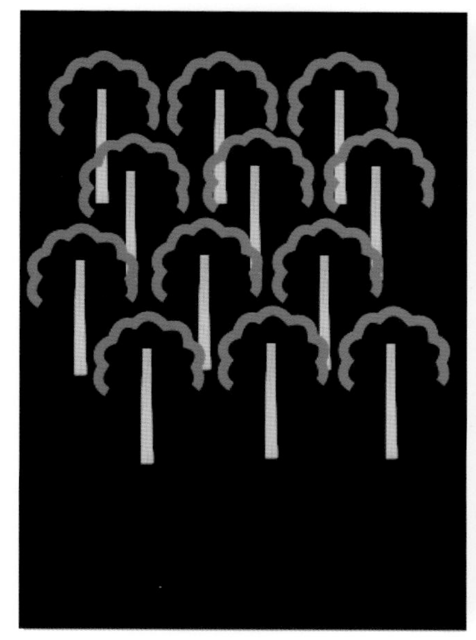

图 5-47　绘制好的“森林”

图5-48　输入文字

图5-49　输入文字

图5-50　调整文字的行间距

图 5-51　公益广告最终完成效果

包装设计

学习目的

了解CorelDRAW滤镜的基本操作，掌握运用各种滤镜的效果，学习相关知识，并在包装设计项目中灵活运用。

知识重点

1.滤镜效果
2.三维效果滤镜
3.艺术笔触滤镜
4.模糊滤镜
5.相机滤镜
6.颜色变换滤镜
7.轮廓图滤镜

知识难点

滤镜的应用

P97～118

习题及答案

6.1 包装的概述

包装（packaging）是品牌理念、产品特性、消费心理的综合反映，它直接影响到消费者的购买欲望。在经济全球化的今天，包装与商品已融为一体。包装作为实现商品价值和使用价值的手段，在生产、流通、销售和消费领域中，发挥着极其重要的作用。包装的功能包括保护商品、传达商品信息、方便使用、方便运输、促进销售、提高产品附加值。包装作为一门综合性学科，具有商品和艺术相结合的双重性。通过对产品的包装设计，使包装实现体系化，可以提升产品的终端表现，如图6-1所示。

图6-1　包装设计

包装的要素有包装对象、材料、造型、结构、防护技术、视觉传达等；而从视觉传达方面来说，包装设计又包括商标、形状、颜色、图案和材料等要素。

商标：包装中最主要的构成要素，应在包装上占据突出的位置。

包装形状：适宜的包装形状有利于储运和陈列，也有利于产品销售；因此，形状是包装中不可缺少的组合要素。

包装颜色：包装中最具刺激销售作用的构成元素，突出商品特性的色调组合能够加强品牌特征，而且对顾客有强烈的感召力。

包装图案：在包装中如同广告中的画面，其重要性、不可或缺性不言而喻。

包装材料：其选择不仅影响包装成本，而且也影响着商品的市场竞争力。

产品标签：在标签上一般都印有包装内容、产品所包含的主要成分、品牌标志、产品质量等级、产品厂家、生产日期和有效期、使用方法。

6.2 滤镜的应用

位图滤镜的使用可能是位图处理过程中最具魅力的操作。因为使用位图滤镜，可以迅速地改变位图对象的外观效果。在位图菜单中，有多类位图处理滤镜，而且每一类的级联菜单中都包含了多个滤镜效果命令。在这些效果滤镜中，一部分可以用来校正图像，对图像进行修复；另一部分则可以用来破坏图像原有画面正常的位置或颜色，从而模仿自然界的各种状况或产生一种抽象的色彩效果。每种滤镜都有各自的特性，灵活运用则可产生丰富多彩的图像效果。在选取位图后，可以在菜单栏“位图”下拉菜单中找到“滤镜”，如图6-2所示。

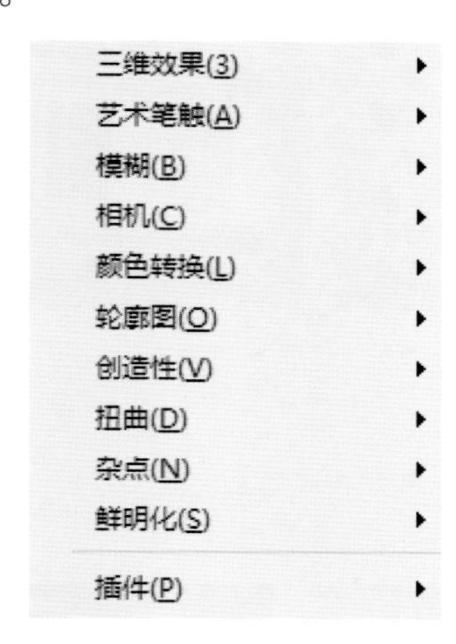

图6-2　滤镜菜单

6.2.1　滤镜的基本操作

①选定需要添加滤镜效果的位图图像。

②单击菜单栏中“位图”菜单，从相应滤镜组的子菜单中选定“滤镜”命令，即可打开相应的滤镜选项设置对话框。

③在滤镜选项设置对话框中设置相关的参数选项后，单击“确定”按钮，即可将选定的滤镜效果应用到位图图像中。

④在每一个“滤镜”对话框的顶部，都有两个预览窗口切换按钮，用于在对话框中打开和关闭预览窗口，以及切换双预览窗口或单预览窗口。

⑤在每一个“滤镜”对话框的底部，都有一个“预览”按钮，单击该按钮，即可在预览窗口中预览到添加滤镜后的效果。在双预览窗口中，还可以比较图像的原始效果与添加滤镜效果之间的变化。

6.2.2 滤镜效果

（1）三维效果

三维效果滤镜，可以为位图添加各种模拟的3D立体效果。此滤镜组中包括了三维旋转、柱面、浮雕、卷页、透视、挤远、挤近及球面共7种滤镜类型。

①卷页效果。

利用“卷页”命令可以使位图的四个边角产生不同程度的卷页效果，其对比效果如图6-3所示。

图6-3　卷页效果

②球面效果。

利用“球面”命令可以使位图产生一种贴在球体上的球面效果。在“球面”对话框中进行参数设置，可以产生更多的效果，其对比效果如图6-4所示。

图6-4　球面效果

（2）艺术笔触

使用“艺术笔触”功能，可以使用艺术笔触滤镜为位图添加一些特殊的美术技法效果。此组滤镜中包括了炭笔画、单色蜡笔画、蜡笔画、立体派、印象派、调色刀、彩色蜡笔画、钢笔画、点彩派、木版画、素描、水彩画、水印画和波纹纸画共14种艺术笔触。

①蜡笔画效果。

利用“蜡笔画”命令可以使位图变成蜡笔画的效果。在“蜡笔画”对话框中进行参数设置，可以产生不同的效果，其对比效果如图6-5所示。

图6-5　蜡笔画效果

②素描效果。

利用“素描”命令可以使位图变成素描画的效果。在“素描画”对话框中进行参数设置，可以产生不同的效果，其对比效果如图6-6所示。

图6-6　素描效果

（3）模糊

使用“模糊”效果，可以使图像画面柔化、边缘平滑。“模糊”滤镜组中包括了定向平滑、高斯式模糊、锯齿状模糊、低通滤波器、动态模糊、放射式模糊、平滑、柔和及缩放共9种模糊滤镜。

①锯齿状模糊效果。

利用“锯齿状模糊”命令可以在相邻颜色的一定高度和宽度范围内产生锯齿波动的模糊效果，其对比效果如图6-7所示。

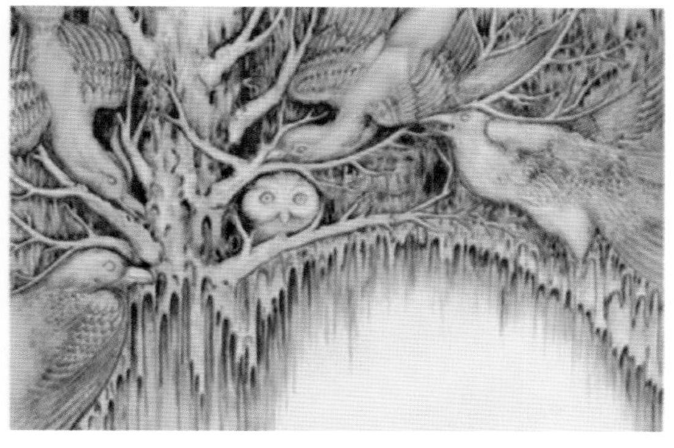

图6-7　锯齿状模糊效果

②放射状模糊效果。

利用“放射状模糊”命令可以使位图图像从指定的圆心处产生同心旋转的模糊效果，其对比效果如图6-8所示。

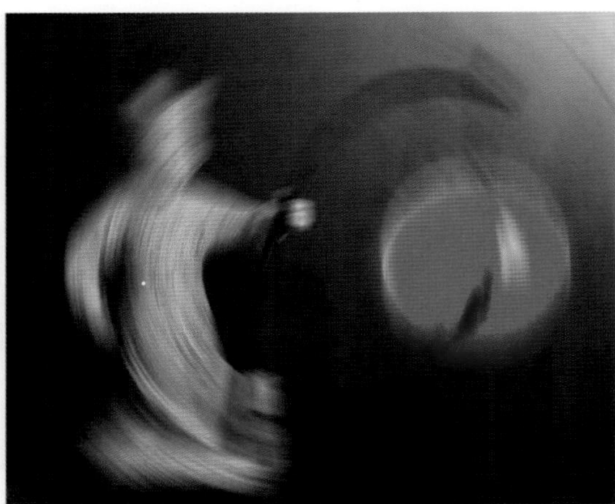

图6-8　放射状模糊效果

（4）相机

“相机”特效是CorelDRAW X3版本中新增加的滤镜，该命令是通过模仿照相机原理，使图像产生散光等效果。该滤镜组只包含“扩散”命令。

利用“扩散”命令可以使位图的像素向周围均匀扩散，从而使图像变得模糊、柔和，其对比效果如图6-9所示。

图6-9　扩散效果

（5）颜色变换

应用“颜色变换”滤镜效果，可以改变位图中原有的颜色。此滤镜组中包含位平面、半色调、梦幻色调和曝光共4种效果。

①位平面效果。

利用“位平面”命令可以使位图图像中的颜色以红、绿、蓝三种色块平面显示出来，用纯色来表示位图中颜色的变化，产生特殊的视觉效果，其对比效果如图6-10所示。

②半色调效果。

利用“半色调”命令可以使位图图像产生彩色网板的效果，其对比效果如图6-11所示。

（6）轮廓图

应用“轮廓图”滤镜组，可以将位图按照其边缘线勾勒出来，显示出一种素描效果。该滤镜组中包

图6-10　位平面效果

图6-11　半色调效果

括边缘检测、查找边缘和描摹轮廓共3种效果。

①边缘检测效果。

"边缘检测"命令可以查找位图图像中对象的边缘并勾画出对象轮廓，此滤镜适用于高对比的位图图像的轮廓查找，其对比效果如图6-12所示。

图6-12　边缘检测效果

②描摹轮廓效果。

"描摹轮廓"命令可以勾画出图像的边缘，边缘以外的大部分区域将以白色填充，其对比效果如图6-13所示。

图6-13 描摹轮廓效果

（7）创造性

应用“创造性”滤镜，可以为图像添加许多具有创意的画面效果，该滤镜组包括工艺、晶体化、织物、框架、玻璃砖、儿童游戏、马赛克、粒子、散开、茶色玻璃、彩色玻璃、虚光、旋涡及天气共14种效果。

①工艺效果。

“工艺”命令可以使位图图像具有类似于用工艺元素拼接起来的画面效果，其对比效果如图6-14所示。

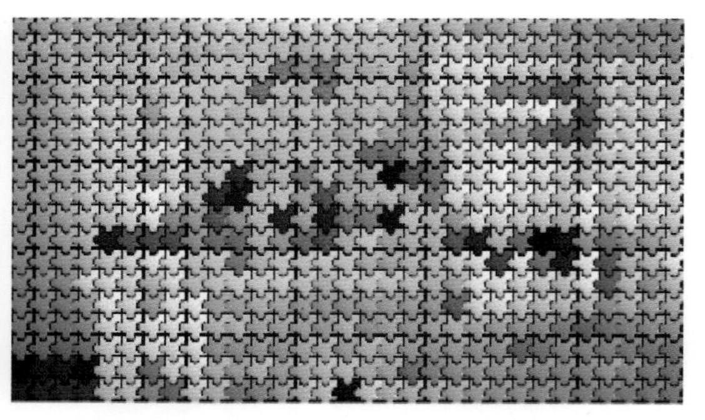

图6-14 工艺效果

②框架效果。

“框架”命令可以使图像边缘产生艺术性的抹刷效果，其对比效果如图6-15所示。

③儿童游戏效果。

应用“儿童游戏”命令，可以使位图图像具有类似于儿童涂鸦时所绘制出的画面效果，其对比效果如图6-16所示。

（8）扭曲效果

应用“扭曲”效果滤镜，可以为图像添加各种扭曲变形的效果。此滤镜组包含了块状、置换、偏移、像素、龟纹、旋涡、平铺、湿笔画、涡流及风吹共10种滤镜效果。

图6-15　框架效果

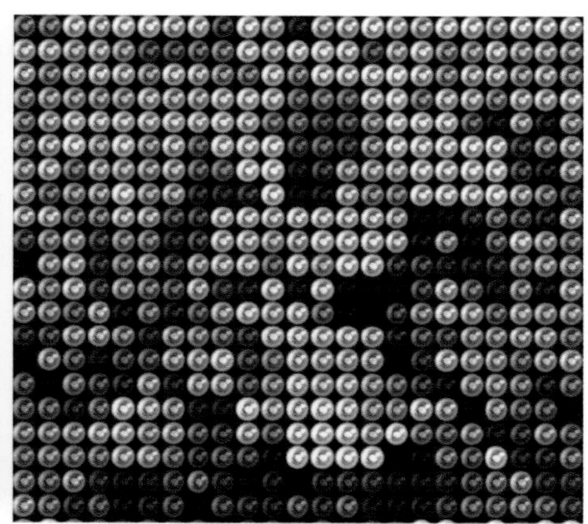

图6-16　儿童游戏效果

①置换效果。

“置换”命令可以使图像被预置的波浪、星形或方格等图形置换出来，产生特殊的效果，其对比效果如图6-17所示。

图6-17　置换效果

②湿笔画效果。

“湿笔画”命令可以使图像产生类似于油漆未干而往下淌的画面浸染效果，其对比效果如图6-18所示。

图6-18 湿笔画效果

（9）杂点

使用“杂点”效果，可以在位图中模拟和消除由于扫描或者颜色过渡所造成的颗粒效果。此滤镜组包含了添加杂点、最大值、中值、最小值、去除龟纹及去除杂点共6种滤镜效果。

①添加杂点效果。

“添加杂点”命令可以在位图图像中增加颗粒，使图像画面具有粗糙的效果，其对比效果如图6-19所示。

图6-19 添加杂点效果

②去除杂点效果。

“去除杂点”命令可以去除图像（比如扫描图像）中的灰尘和杂点，使图像有更加干净的画面效果，但与此同时，去除杂点后的画面会变模糊，其对比效果如图6-20所示。

（10）鲜明化效果

应用“鲜明化”效果可以改变位图图像中相邻像素的色度、亮度以及对比度，从而增强图像的颜色锐度，使图像颜色更加鲜明突出。此滤镜组包含了适应非鲜明化、定向柔化、高通滤波器、鲜明化及非鲜明化遮罩共5种滤镜效果。

①适应非鲜明化效果。

“适应非鲜明化”命令可以增强图像中对象边缘的颜色锐度，使对象边缘鲜明化，其对比效果如图6-21所示。

图6-20 去除杂点效果

图6-21 适应非鲜明化效果

②高通滤波器效果。

"高通滤波器"命令可以极为清晰地突出位图中绘图元素的边缘，其对比效果如图6-22所示。

图6-22 高通滤波器效果

6.3 项目实训案例

6.3.1 案例1：CD包装

（1）设计思路

光盘已成为一种非常普及的数据载体，其种类有CD、VCD、DVD等，普通标准120型光盘尺寸为外径120 mm。CD包装设计主要是将名称、文字及相关图形根据光盘内容进行编排设计，从而体现出该作品主题内容及特征。

（2）技术剖析

该案例主要运用CorelDRAW X6软件中的“修剪”命令、“图框精确剪裁”命令、“交互式透明效果”以及“文字排版效果”来制作CD包装。该作品运用了古朴淡雅的色调，加以图文艺术效果的排版处理，简洁明了，如图6-23所示。

图6-23　CD包装设计

（3）制作步骤

①创建新文档并保存。

a.启动CorelDRAW 后，新建一个文档，默认纸张大小为A3，纸张设置为横向。

b.单击页面左上方的“文件”按钮，在下拉菜单中选择“另存为”，以“CD包装”为文件名保存。

②CD封面设计。

a.绘制CD封面背景。选择“矩形工具”，绘制封面矩形，设置矩形的尺寸为宽125 mm、高120 mm，填充颜色（C:0，M:40，Y:80，K:0）；绘制封底矩形，设置矩形的尺寸为宽125 mm、高120 mm，填充颜色（C:0，M:40，Y:80，K:0）；绘制中脊矩形，设置矩形的尺寸为宽10 mm、高120 mm，填充颜色（C:100，M:100，Y:100，K:100）。CD封面背景绘制完成，如图6-24所示。

b.导入“建筑”素材图片，调整其大小和放置在封面的位置，如图6-25所示。选择工具箱中的“交互式透明工具”，在其属性栏中设置参数（图6-26）。图片线性透明效果如图6-27所示。

图6-24　CD封面背景

图6-25　导入“建筑”素材

图6-26　设置图片均匀透明

图6-27　线性透明效果

c.图案设计。打开“图案”素材图片，复制并调整其大小，分别放置在封面、封底，如图6-28所示。

d.封面文字编排设计。用“文本工具”字输入“中国建筑”，文字大小为45，字体为华文隶书，选择“填充”，设置颜色为深红色（C:21，M:100，Y:100，K:0）；再用“文本工具”字输入“Chinese architecture”，文字大小为16，字体为Arial，使用“形状工具”调整字距，选择“填充”，设置

图6-28　图案设计

颜色为灰色（C:0，M:0，Y:0，K:80）。将名称组合放置在CD封面右上方，效果如图6-29所示。

e.中脊文字设计。复制名称“中国建筑”，将文字调整成“竖向文字”，文字大小调整为24；用“文本工具”字输入出版社名称，文字大小为10，字体为黑体，选择“填充”，设置颜色（C:100，M:100，Y:100，K:100），效果如图6-30所示。

图6-29　封面文字编排

图6-30　中脊文字设计

f.封底文字编排设计。用“文本工具”字输入基本信息文字，并放置在封底右下角处，文字大小为8，字体为黑体，选择“填充”，设置颜色为黑色（C:100，M:100，Y:100，K:100）。CD封面文字编排就完成了，效果如图6-31所示。

图6-31　CD封面设计

③CD光盘设计。

a.绘制光盘轮廓。单击工具箱中的“椭圆工具”，按住Ctrl键不放，在工作区中绘制一个直径为120 mm的正圆形；再调用“椭圆工具”，按住Ctrl键不放，在工作区中绘制一个直径为20 mm的正圆形。将两个圆水平、垂直居中对齐，选择中间小圆，执行“排列”→“造型”→“修剪”命令，将它的两个选项全部去掉，然后单击“修剪”按钮，单击外面的圆即可，效果如图6-32所示。

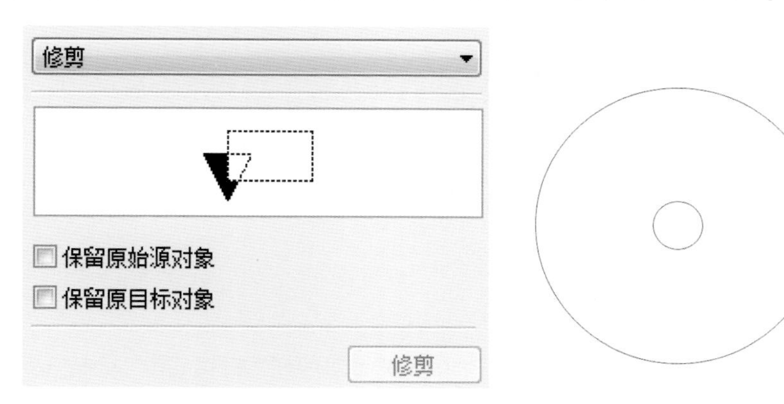

图6-32　光盘轮廓效果

b.光盘上的图形设计。复制封面所使用的“建筑”素材图片，执行菜单栏中的“效果”→“图框精确剪裁”→“放置在容器中”命令，这时光标会变为“➡”，将箭头指向光盘圆形，单击，图形将被精确放置于选中容器内。选中矩形并单击鼠标右键，编辑内容，调整“建筑”图片的位置；再单击鼠标右键结束编辑。用同样的方法处理光盘上的“图案”素材图片效果，如图6-33所示。

c.光盘上的文字编排设计。复制名称，将文字调整成“竖向文字” Ⅲ，调整文字大小，组合放置在CD光盘左侧，效果如图6-34所示。

图6-33　光盘图片设计

图6-34　光盘文字编排

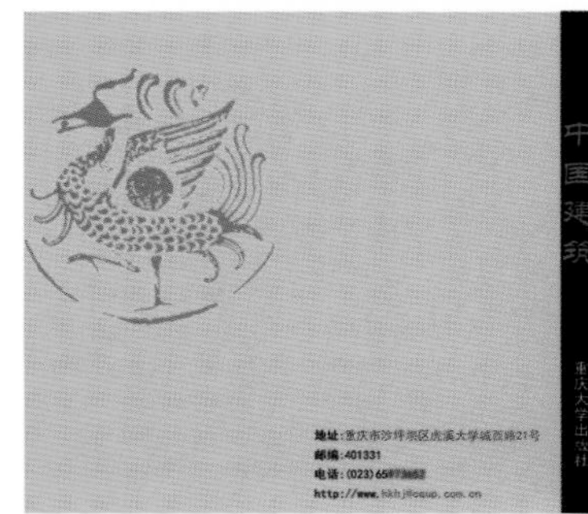

图6-35　CD包装最终效果图

（4）案例回顾与总结

本案例主要运用了CorelDRAW软件中的“矩形工具”“交互式透明工具”“文本工具”的相关知识和应用来进行CD包装的设计。在设计此类内容时，应该注意：图形及文字编排要注重整体的比例关系及造型效果；包装内容完整统一，符合产品特征。

6.3.2 案例2：果汁的包装设计

（1）设计思路

食品包装设计的外在要求是利用包装反映出食品的特征、性能、形象，同时，食品包装设计需注意卫生安全、搬运安全和使用安全等。

（2）技术剖析

该案例（图3-36）主要运用CorelDRAW软件中的“矩形工具”和“形状工具”绘制出果汁包装的立体效果图，再通过对导入图片的“编辑”和“调色”制作出图片的立体效果，接下来运用“文字工具”“艺术笔工具”“文字置入路径”等多种工具，制作出一组变化多样的文字效果。最后，导入侧面的“产品信息”图片，对其作斜切处理，完成果汁包装的制作。

（3）制作步骤

①创建新文档并保存。

a.启动CorelDRAW X6后，新建一个文档，默认纸张大小为A4。

b.单击页面左上方的“文件”按钮，在下拉菜单中选择“另存为”，以“果汁包装”为文件名保存。

②制作包装的立体效果。

a.选择“矩形工具”，在工作区里绘制2个矩形。将右侧矩形转曲（Ctrl+Q），运用“形状工具”进行调节，如图6-37所示。将矩形全部选中，执行合并命令（Ctrl+L）。

b.再选择“矩形工具”，在画面中绘制2个矩形，运用“选择工具”，利用“缩放”“斜切”命令，将矩形调整成如图6-38所示的效果。将全部形状填充为白色。

图6-36　果汁包装设计

图6-37　绘制矩形并调节形状

图6-38　制作包装立体效果

c.选择“椭圆形工具”、“矩形工具”，运用“形状工具”制作包装的瓶嘴效果，分别填充颜色（C:0，M:40，Y:80，K:0；C:0，M:60，Y:100，K:0），去掉轮廓线。将其群组（Ctrl+G），效果如图6-39所示。

③制作正面包装图案。

a.打开“橘子.jpg”文件，将其导入画面中，调整至合适大小，执行菜单栏“效果”→“画框精确裁剪”→“置于图文框内部”命令，将图形放置到矩形中，效果如图6-40所示。

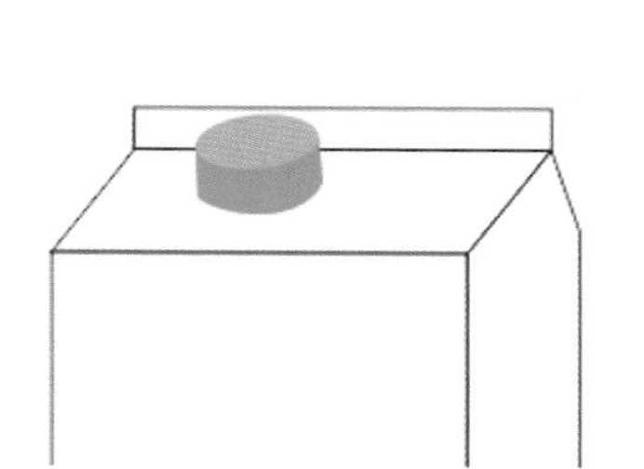

图6-39　制作包装的瓶嘴

图6-40　执行画框精确裁剪命令

b.单击鼠标右键，在弹出的快捷菜单中选择“编辑PowerClip”，进入矩形内部，如图6-41所示。

c.选择图片，按下“Ctrl+C”，然后按下“Ctrl+V”，原位复制一张图片。

d.运用“形状工具”，分别选中图片的左侧节点和右侧节点，对图片进行裁剪，如图6-42所示。

图6-41　进入矩形内部编辑图片

图6-42　复制图片并裁剪图片

e.选中右侧图片，运用“选择工具”的“缩放”“斜切”命令，将图片调整成如图6-43所示的效果。

f.选中右侧图片，执行菜单栏“效果”→“调整”→“调合曲线”命令，微调曲线的形状，设置如图6-44所示，加深右侧图片的颜色，加强图片的立体化效果。

图6-43　调整右侧图标形状

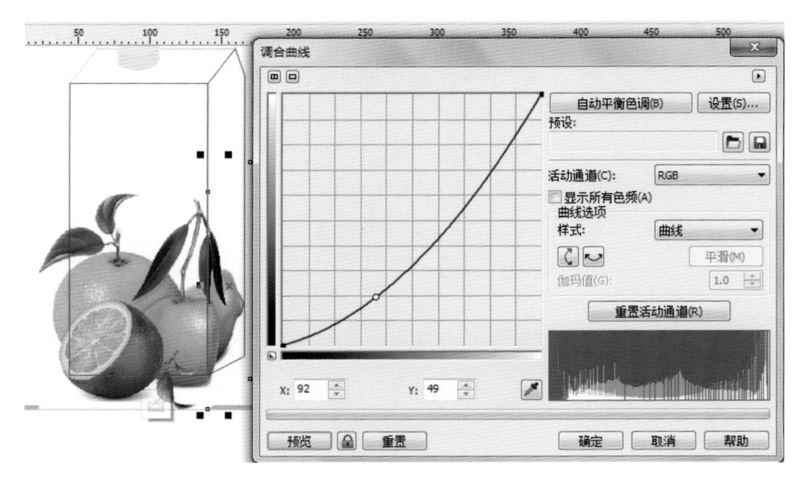

图6-44　设置"调合曲线"

g.选中任意一张图片，单击鼠标右键。在弹出的快捷菜单中选择"结束编辑"命令，退出图片的编辑状态，效果如图6-45所示。

h.导入图片"商标.jpg""图标.jpg"，调整至合适大小后放置在如图6-46所示的位置。

图6-45　图片立体效果

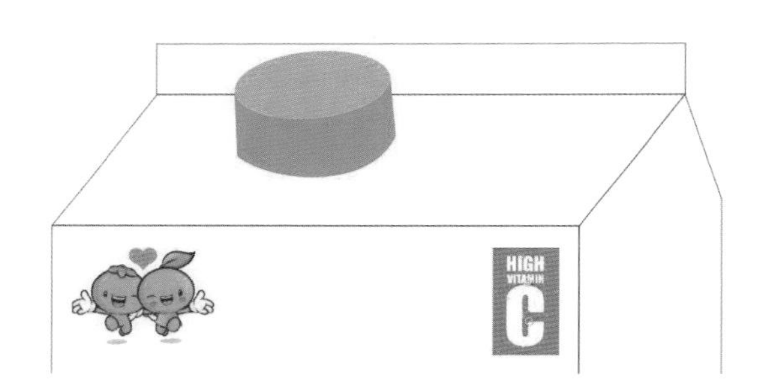

图6-46　导入素材

i.选择"文字工具"字，输入文字"Tropicana"，设置文字的字体为Arial Black，字号为53，填充颜色（C:100，M:0，Y:100，K:30）；运用"形状工具"调节文字的字间距，在属性栏中设置文字的宽度、高度分别为83 mm、18 mm，文字最终效果如图6-47所示。

j.选择"矩形工具"，在如图6-48所示位置绘制一个矩形。

图6-47　输入文字并设置文字属性

图6-48　绘制矩形

k.运用“选择工具” 将矩形和文字同时选中，执行“排列”→“造型”→“修剪”命令，然后将多余的矩形删除，文字效果如图6-49所示。

l.选择“艺术笔工具” ，在选项栏上选择“喷涂” ，在图纹列表下选择“植物”→“ ”，参数设置如图6-50所示。

图6-49　修剪文字

图6-50　设置艺术笔参数

m.在画面中拖出如图6-51所示的效果。

n.鼠标右键单击艺术笔图形，在弹出的快捷菜单中选择“拆分艺术笔群组”，如图6-52所示。

图6-51　艺术笔绘制出的图形　　图6-52　拆分图形

o.再用鼠标右键单击艺术笔图形，在弹出的快捷菜单中选择“取消全部群组”，选择图形中的“ ”，调整大小、角度后放置在如图6-53所示位置。

p.选择“贝塞尔工具” ，绘制如图6-54所示的图形，填充颜色（C:100，M:0，Y:100，K:30），取消轮廓线。

图6-53　将树叶放在字母“I”上方

图6-54 绘制图形

q.选择“文字工具”字，输入文字“PURE PREMIUM”，设置文字的字体为Impact，字号为24，效果如图6-55所示。

r.选择“贝塞尔工具”，在如图6-56所示位置绘制一条曲线。

图6-55 输入文字

图6-56 绘制曲线

s.选中文字，执行菜单栏“文字”→“使文字适合路径”命令，将文字放置到路径上。设置文字的颜色为白色，同时取消曲线颜色，效果如图6-57所示。

t.选择“文字工具”字，由上至下输入图6-58所示的文字内容。

u.导入素材“一个橘子.jpg”，调整至合适大小后放置在如图6-59所示位置。

④制作侧面包装图案。

a.打开“右侧文字.jpg”文件，将其导入画面中，调整至合适大小，执行“效果”→“画框精确裁剪”→“置于图文框内部”命令，将图形放置到右侧矩形中，效果如图6-60所示。

Tropicana

PURE PREMIUM

图6-57　使文字适合路径

Tropicana

PURE PREMIUM

Original

"WILTH JUICY BILS"

Good to drink fruit juice, pure natural production,
make you drink to forget everything

图6-58　输入文字

图6-59　导入素材

图6-60　导入素材并放置在右侧矩形中

b.单击鼠标右键，在弹出的快捷菜单中选择“编辑PowerClip”命令，进入矩形内部，如图6-61所示。

c.选中图片，运用“选择工具”的“缩放”“斜切”命令，将图片调整成如图6-62所示的效果。单击鼠标右键，在弹出的快捷菜单中选择“结束编辑”，退出图片的编辑状态。

⑤生成最终效果。

a.观察画面的整体效果，对各种元素进行细微的调节。

b.选择“文件”下拉菜单中的“保存”选项，即可完成果汁包装的设计工作。果汁包装最终效果如图6-63所示。

图6-61　选择“编辑PowerClip”

图6-62　调整图片形状

图6-63　果汁包装最终效果

（4）案例回顾与总结

该案例主要运用CorelDRAW X6软件中的“矩形工具”“椭圆形工具”“贝塞尔工具”等。

在设计此类内容时应该注意：食品包装设计的促销性要求；食品的性能、特点、食用方法、营养成分、文化内涵可以在包装上加以宣传。

参考文献

[1] 周媛媛.中文版CorelDRAW图形创意与制作实例精讲[M].北京：北京希望电子出版社，2014.
[2] 周建国. Photoshop+CorelDRAW平面设计创作实例教程[M].北京：人民邮电出版社，2009.